建设社会主义新农村书系
种植业篇

瓜类蔬菜保鲜与加工技术

胡云峰　李喜宏　主编

中 国 农 业 出 版 社
农 村 读 物 出 版 社

图书在版编目（CIP）数据

瓜类蔬菜保鲜与加工技术/胡云峰，李喜宏主编．—北京：中国农业出版社，2007.12
（建设社会主义新农村书系）
ISBN 978-7-109-12187-4

Ⅰ.瓜… Ⅱ.①胡…②李… Ⅲ.①瓜类蔬菜-食品保鲜②瓜类蔬菜-加工 Ⅳ.S642.09

中国版本图书馆 CIP 数据核字（2007）第 190366 号

中国农业出版社
农村读物出版社 出版
（北京市朝阳区农展馆北路 2 号）
（邮政编码 100125）
责任编辑 黄 宇 舒 薇

中国农业出版社印刷厂印刷 新华书店北京发行所发行
2008 年 1 月第 1 版 2009 年 1 月北京第 3 次印刷

开本：787mm×1092mm 1/32 印张：7.75
字数：165 千字
定价：10.80 元

主　　编　胡云峰　李喜宏
编写人员　胡云峰　李喜宏　陈　玮
　　　　　　袁军伟　孙　榕　李凤娟

目录

第一章　瓜菜加工的基本原理

瓜菜加工品如不注意保藏，则比新鲜瓜菜更易败坏。新鲜瓜菜水分多，营养丰富，组织柔嫩，属于易腐食品。但是，新鲜瓜菜是有生命的，具有天然的耐贮性和抗病性，对瓜菜本身有一定的保护作用。新鲜瓜菜一经加工工艺处理之后，即丧失了生活的机能，失去了天然的保护作用。瓜菜加工品营养丰富，含有较多的可溶性固形物和很少的酸分，因而很容易遭受微生物（细菌、酵母菌和霉菌）的侵染而引起败坏和腐烂。

此外，某些瓜菜加工品的成分以及环境因素也会引起瓜菜加工品的不良变化。因比，必须了解瓜菜加工品败坏的原因，并采取有效的措施予以防止。

一、瓜菜败坏的原因及控制措施

（一）物理因素

引起瓜菜加工品败坏的物理因素，主要是光、温度和压力等。日光照射，能促进化学物质降解，引起瓜菜加工品变色、变味。紫外线能促进维生素C氧化破坏。此外，光还可引起温度的升高。

温度的高低影响化学变化的速度和强度。一般在高温下，化学变化快而强，在低温下，则变化慢而弱。温度与微生物活动关系密切，温度高，促进微生物活动，使加工品加速腐败。

压力会造成机械损伤，甚至容器裂开破碎，加速瓜菜的各种化学的和微生物的不利变化。

（二）化学因素

蔬菜加工品的某些成分，如糖、有机酸、蛋白质、单宁、酶等以及金属用具或容器、空气等都能引起色泽、风味、营养价值等的变化。例如，还原糖与氨基酸作用易于产生黑蛋白素。酸易使锡铁罐的铁皮腐蚀，酸与金属反应形成金属味，酸作用于锡层而产生锡盐，对色素有漂白作用。含硫食品的蛋白质分解时产生硫化物，与铁或锡作用，在食品表面或罐壁形成黑色的硫化斑。单宁与铁盐作用，使食品呈深暗色；与锡盐一起经长时间加热，变玫瑰色，与碱作用，易于变黑，接触空气，则氧化形成黑色物质。瓜菜中的酶在未被抑制、破坏前，对瓜菜加工品的品质有着重要的影响，如单宁、酪氨酸等的氧化变色均有酶参与作用。酶还可使维生素C氧化损失，降低瓜菜的营养价值。空气（氧）对瓜菜的保存不利。

（三）生物因素

瓜菜加工品营养丰富。微生物能在适宜的条件下，促进瓜菜加工品迅速分解，以获取自身生长繁殖所需的养料，从而使瓜菜加工品腐败变质。

因此，为达到保藏的目的，必须了解微生物繁殖和生存所需要的条件，采取适当的措施，以抑制微生物的活性，或将有害微生物完全消灭。控制微生物（主要是细菌、酵母菌和霉菌）最主要的措施是加热、冷冻、干燥、隔绝空气及添加酸、糖、盐和防腐剂等。

1. 热处理 大多数细菌、酵母菌和霉菌生长适温为

16～38℃，耐热菌在 66～82℃下仍可生长，大多数细菌在 82～93℃下可被杀死，但细菌芽孢耐高温，必须在 100℃以上的湿热温度下才能被杀死。但并非所有瓜菜都需要同样的杀菌热量，当瓜菜含酸量高时，就不需要剧烈加热，因为酸可提高热的杀菌力。采用加热杀菌贮藏瓜菜，并不是把所有的微生物杀死，生产无菌产品，只要把瓜菜中的致病菌破坏就可以了，这样的杀菌称为商业杀菌。

2. 冷冻　如前所述，大多数微生物生长适温为 16～38℃。低温菌在 0℃或更低温度下仍能生长，但在低于 10℃时生长就缓慢，温度越低，生长越慢。当瓜菜中的水分全部冻结时，微生物就停止生长。

微生物的活力随着温度的降低而降低，这是冷藏和冷冻的根据。虽然低温可以减缓微生物的生长和活力，并可杀死部分细菌，但是不能依靠冷冻（包括严重冻结）来杀死所有的微生物。冷藏和冻结不仅不能进行瓜菜杀菌，而且在瓜菜从冷库取出解冻时由于食品在冷藏或冷冻时多少受到损害，所以残存的微生物常会快速恢复生长。

3. 干燥　微生物生长需要一定的水分，如果把水分从瓜菜中除去，微生物生长就会受到抑制。如将瓜菜脱水或添加糖、盐类溶质，水分子在溶质的束缚下，能为微生物所利用的有效水分也随之下降。

水分活性是为了表示食品干燥、盐渍、糖渍等贮藏方法具有同一原理而采用的，用来表示食品对水分的亲和力，即表示食品吸收水分的程度。食品的吸水性，即水分活性取决于食品的干燥程度和食品所含盐、糖的浓度。食品越干燥，或食品含盐或糖越多，吸水性越强，则水分活性就越小。微生物生长受抑制越强。当食品的 Aw 值低于某一限度时，微生物就不能生长。另外，水分活性还受环境中的pH、温度、氧气和用来降低水分活性的盐、糖类等各种因素的影响。

4. 糖和盐 细菌、酵母菌和霉菌都具有细胞膜，这种膜允许水分进出细胞。当把微生物放在浓糖液或盐液中时，细胞中的水分就进入糖液或盐液中，产生质壁分离，可干扰微生物的生长，这与溶液和瓜菜的水分活性密切相关。浓度大的溶液渗透压高而水分活性低，稀溶液则渗透压低而水分活性高。某种溶质对渗透压和水分活性的定量关系取决于溶质的分子量，浓度相同时低分子量溶质对增加溶液渗透压和降低水分活性的作用比高分子量溶质大，例如，10%的盐溶液增加渗透压和降低水分活性的作用比10%的蔗糖溶液要大。

5. 酸（pH） 微生物的生长发育受酸含量的影响较大。一种微生物在发酵过程中所生成的酸往往会抑制另一种微生物的繁殖，这是采用控制发酵手段以抑制腐败菌的生长来贮藏瓜菜的原理之一。可以通过添加选定的产酸菌种在瓜菜中生成酸或让瓜菜自然发酵产生酸，也可将酸直接添加于瓜菜中。酸具有不同程度的防腐能力，这直接与氢离子浓度（pH）有关，但是产生同样pH的两种酸可能具有不同的防腐性。因为某些酸的阴离子也发挥作用。

如前所述，酸与热组合可使热对微生物更具破坏性。

6. 空气 氧气除对维生素、瓜菜色泽、风味和其他成分有破坏作用以外，还是霉菌生长所必需的。因此要控制需氧腐败菌，就要把空气除去。从瓜菜中排除氧气的方法是在加工过程中进行排气、隔绝与空气接触、添加抗氧化剂、抽真空包装或充惰性气体包装。

7. 防腐剂 许多防腐剂可抑制微生物生长或杀死微生物，但其中大多数是不允许用于食品的。获准使用的防腐剂规定用量都比较低，而且只能用于某些食品，我国的卫生法规规定了可以在食品中使用的防腐剂及其使用条件。

控制微生物的原理和方法同样适用于控制酶，正如微生物为热、冷、干燥所控制那样，这些也是用来控制破坏酶活性的主要手段。当瓜菜经过高温杀菌或巴氏杀菌使微生物被破坏时，酶同时受到破坏；同样地，当用冷来减缓微生物的活动时，也会减缓酶的活力。然而，重要的是有些酶比有些微生物更耐受热、冷、干燥和其他贮藏手段的作用。例如在冷冻（—18℃）贮藏中，常常发现能抑制微生物生长的条件，酶仍会缓慢活动，导致瓜菜变质。

至于防止如水分、干燥、空气和光等其他因素的贮藏方法，通常用保护性包装来保护经过加工的瓜菜，使瓜菜与外界环境隔绝，不与水分、空气接触，防止微生物再侵染，防虫、鼠咬，所以包装也是贮藏瓜菜的一种方法。

二、瓜菜的干制

瓜菜干制是指利用日照、干燥空气或在人工控制条件下脱掉瓜菜中的大部分水分，使渗透压提高或水分活性降低，有效地抑制微生物活动和瓜菜本身酶的活性，产品因此得以保藏，并能较好地保持瓜菜原有风味。我国瓜菜干制历史悠久，许多脱水瓜菜，如南瓜干、金瓜干、笋瓜等，都是国内外畅销的传统特产。

瓜菜干制在我国蔬菜加工业中占有重要地位。干制设备可简可繁，生产技术较易掌握，生产成本比较低廉，可以就地取材，当地加工。产品在良好包装中容易贮藏，有利于周年供应，调节生产淡旺季，而且体积小，重量轻，便于运输，携带、食用方便，对于外贸出口以及野外作业、航海、军需、旅行等都有重要意义。

（一）瓜菜干制基本原理

干制过程是水分蒸发的过程。水分的蒸发主要依靠水分的外扩散和内扩散作用。当原料受热时，首先是原料表面水分的蒸发，称为外扩散，随着表面水分的蒸发，原料内部的较多水分向表面较少水分处移动，称为内扩散。干燥速度的快慢对干制品的质量起着决定性的作用，干制时间短，产品质量高。而干燥速度又取决于干燥环境的温度、相对湿度、热风循环速度以及瓜菜的种类、形态等。原料切分越小，热风流动越迅速，温度越高，空气相对湿度越低，则水分蒸发越快。虽然温度高，风速大，水分蒸发越快，但过高的温度和过快的风速会导致表面干结反而影响干燥速度。另外，温度高也会导致制品褐变严重。

干制过程中所选用的工艺条件必须使外扩散和内扩散的速度协调，如果水分的外扩散速度远大于内扩散，即造成内部水分来不及转移到表面，则原料表面会因过度干燥而形成硬壳（称为“结壳”现象），阻碍水分继续蒸发，甚至出现表面焦化和干裂，降低产品质量。

瓜菜在干制过程中经常发生物理和化学方面的变化，其中变色最为常见。它是由酶褐变和非酶褐变或瓜菜本身色素物质受破坏而引起的。干燥温度一般不足以钝化酶活性，因此在干制前进行热烫或加化学抑制剂处理，能有效抑制酶褐变和色素物质（如叶绿素、胡萝卜素）褪色。非酶褐变则比较难控制，它与干燥湿度和物料种类、含水量变化有关。原料还原糖含量高，高温易发生非酶褐变。硫处理对抑制非酶褐变有较好的效果，但使用受一定限制。

（二）工艺流程

原料选择→清洗→整理→护色处理→干制→后处理→包装→成品

（三）操作要点

1. 原料选择 原料质量的优劣关系到产品合格率和经济效益。瓜菜干制对原料的要求是干物质含量高、粗纤维和废弃物少、可食率高、成熟度适宜、新鲜、风味好、无腐烂和严重损伤等。

2. 清洗 作为干制的原料必须清洗干净。可采用人工清洗或机械清洗，清除附着的泥沙、杂质、农药和微生物，保证产品的卫生。

3. 整理 除去皮、根、老叶等不可食部分和不合格部分，并适当切分。去皮的方法有手工去皮、机械去皮、热力去皮和化学去皮等。切分采用机械或人工作业，将原料切分成一定大小和形状，以便于水分蒸发。瓜菜一般切成片、条、粒和丝状等，其形状、大小和厚度应根据不同种类与出口规格要求。

4. 护色处理 脱水瓜菜一般以烫漂处理护色，有些原料还在烫漂后或在干燥后再用硫处理护色（主要是控制非酶褐变），烫漂又称热烫、预煮等，是一种短时的热处理及迅速冷却过程，是最常用的控制酶褐变的方法。烫漂是瓜菜干制、糖制、罐藏、速冻等多种加工方法不可缺少的工序，其烫漂目的要求有所不同，但作用基本一样，主要有：

（1）钝化酶活性，保持色泽和风味。

（2）破坏原料细胞结构，有利于水分、糖、盐等渗入（对干制来说即有利于脱水干燥）。

(3) 排除原料组织中的空气，使原料有透明感并缩小体积，以便于装罐或包装。

(4) 去除一些不良风味，如臭青味、苦味、辣味等。

(5) 可杀灭原料表面附着的大部分微生物和虫卵。

常用的热烫方法有沸水和蒸汽两种。沸水热烫温度为95～100℃。热烫过程中要保持水温稳定，热烫时间根据蔬菜种类、形状、大小等而定，以钝化酶活性为条件，尽量缩短时间（通常为2～5分钟，也有的只有几秒钟）。热烫后立即取出原料用冷水或冷风冷却，防止热烫过度，一般以过氧化物酶失活的程度来检验热烫是否适当。方法是将经热烫后的原料切开，在切面上分别滴几滴0.1%愈创木酚和0.5%过氧化氢，若变褐色，则表示热烫不足；若不变色，则表示酶已失去活性。

硫处理方法有熏硫和浸硫两种方法。熏硫是在密封室中燃烧硫磺，每吨原料用硫磺粉2～3千克，时间约为30分钟；浸硫是用1.5%～2.5%亚硫酸盐溶液浸泡，时间约为15分钟，溶液可以连续使用几次（时间酌情增加1～2分钟或适量补加亚硫酸盐）。

原料干制前要沥干水分，生产上常用振动筛和离心机脱水。对于水分含量较高的瓜菜，离心机脱水后能显著提高干燥速度。

5. 干制 自然干制是将原料铺在苇席、竹筛上或将原料搭于竹架、绳索上，选择空旷、通风之地曝晒，夜间或雨天堆集一处加以覆盖，这样反复进行直至晒干为止。

自然干制需要控制温度、通风排湿、换筛翻转等操作，瓜菜干制适宜的干燥温度因种类不同而异，一般干制初期宜较高一些（75～90℃），后期应低些（50～60℃）。在干制过程中注意定期通风排湿，以利于干燥。另外，还要把上下不同位置的竹筛互换，同时把原料翻转，使干燥均匀。有些原料还需回湿处理，方法是干燥一定时间后，停歇一段时间，让原料内部水分转移至外层，避免由于连续干燥形成硬壳，以提高干燥速度。

6. 后处理　瓜菜原料完成干燥后，有些可以在冷却后直接包装，有些则需经过回软、挑选和压块等处理才能包装。

（1）回软　也称均湿或平衡水分。由于干燥过程热风分布不均匀或原料切分、铺料不均匀，往往使产品的含水量略有差异，所以待产品稍稍冷却之后，应立即装入有盖密闭的马口铁桶或套有塑料袋的箱中，保持1～3天，使干制品的水分平衡，质地柔软，方便包装和贮藏运输。

（2）挑选　在回软后或回软前剔除产品中的碎粒、杂质等，然后倒入拣台上，拣除不合格产品。挑选操作要迅速，以防产品吸潮和水分回升。挑选后的成品还需进行品质和水分检验，不合格者需进行复烘。

7. 包装与贮藏　一般采用瓦楞纸箱包装，箱内套衬防潮铝箔袋和塑料袋密封。对于易氧化褐变的产品，需用复合塑料袋加铝箔袋盛装，每箱净重20千克或25千克，零售的以250克、500克等包装，再用纸箱外包装。产品包装好后最好贮藏在10℃左右的冷库中。贮藏库必须干燥、凉爽、无异味、无虫害。在贮藏期间要定期检查成品含水量及虫害情况。

三、瓜菜的腌制

瓜菜腌制品种类繁多，目前腌制瓜菜正在向营养化、疗效化、低盐化、多样化、天然化发展。通过真空包装、加热杀菌、低温和添加微生物抑制剂等措施实现低盐化，延长保质期。腌制加工业由于在传统的加工方法中引进了现代科学技术，改进了生产工艺，所以在现代食品工业中仍能稳步发展。

（一）瓜菜腌制基本原理

瓜菜腌制原理主要是利用盐的高渗透压作用、微生物的发酵作用、蛋白质的分解作用，以及其他一系列的生物化学作用，抑制有害微生物的活动，从而增进产品的色、香、味，并利用食盐和酸的防腐作用保存制品。

1. 盐的高渗透压作用 盐具有高渗透压和较强的降水分活性作用，在腌制中起防腐、脱水、变脆等作用，这些作用的大小与盐的浓度成正比，加盐越多，则原料失水越多，变脆和防腐的效果也越好。盐液的防腐能力随 pH 的下降而增强，酸含量大，用盐量少。盐和酸在腌制中起很大的贮藏作用，如糖醋黄瓜为低盐高酸制品；酱菜瓜、盐渍越瓜为高盐低酸制品。在低盐高酸的条件下，以高酸弥补低盐不足；而在高盐低酸条件下，以高盐弥补低酸不足，并促使蛋白质转化。

2. 微生物的发酵作用 在瓜菜腌制过程中，微生物的发酵作用主要是乳酸发酵，其次是酒精发酵，而醋酸发酵极轻微。制造糖醋瓜菜时需要利用乳酸发酵，但是制造盐渍瓜菜及酱瓜菜时则必须控制乳酸发酵，勿使之超过一定的限度。乳酸发酵系指乳酸菌将糖类物质转化成主要产物为乳酸的生物化学过程，乳酸菌是一种兼性厌气菌，生长温度范围为 10～40℃，最适发酵温度为 25～35℃。酒精发酵是指酵母菌将糖类物质发酵成酒精，包括腌制初期瓜菜的无氧呼吸作用及异型乳酸发酵生成少量的酒精。瓜菜腌制过程中也有微量的醋酸生成，少量的醋酸不仅无损于腌制品的品质，而且有益，但醋酸含量过多会影响成品的品质。仅在空气存在的条件下，酒精才能转化成醋酸，因此腌制品只要及时装坛封口，隔绝空气，就可以避免生成过多的醋酸。

3. 蛋白质的分解作用 蛋白质的分解作用及其产物氨基酸的变化是腌制过程中的主要生化作用，它是腌制品色、香、味的主要来源，是腌渍瓜菜在腌制过程中的主要作用，这种生化作用的强弱、快慢决定了腌制品的品质。蛋白质在原料蛋白酶作用下，逐步被分解为氨基酸。瓜菜腌制品色、香、味的形成都与氨基酸的变化密切相关。

4. 香辛料和调味料的防腐杀菌作用 对瓜菜进行腌制加工时，常常加入一些香辛料和调味品，如大蒜、辣椒、花椒、八角、酱、醋、酒等，它们不但起着调味的作用，而且还具有不同程度的抗菌、抗氧化或防腐作用。瓜菜在腌制过程中，由于所采用的原料质差、加工方法不当、环境条件不良等原因，会导致产品脆性下降，色泽、香气和滋味变劣，并使腌制品遭受有害微生物的污染，导致腌制品质量下降、变劣、腐烂，甚至产生一些有害、有毒的物质。所以，在腌制过程中要创造优良的环境条件，促进优变，防止劣变，以腌制出优质产品。

（二）工艺流程

原料选择→整理→晾晒→洗净→沥干→加食盐揉搓→入缸腌制→压紧→翻缸→压紧→成品

（三）操作要点

1. 原料处理 用于腌制的瓜菜原料，应是肉质脆嫩、质地紧密、纤维含量少、无病虫害者。这些蔬菜在采收后应根据其大小、形状进行分级和清洗，然后剔除不可食用的部分，必要时还应适当进行切分。

2. 入缸腌制　原料多时或进行大规模生产时，可用陶瓷缸或水泥池子腌制。腌制的方法有盐水浸渍法和干盐腌渍法两种。

（1）盐水浸渍法　腌制前，将清水倒入锅内，加入食盐，然后加热并搅拌，使食盐溶解。要求食盐水的浓度为18～20波美度。经冷却、过滤后，把瓜菜放入盐水中浸渍，菜体与盐水的比例为1∶1。盐渍过程中，因菜体吸收盐分，使食盐水的盐浓度下降。这时，应将蔬菜转入另一只盛有食盐水的缸中复腌。腌制一段时间后，如果缸中盐水浓度低于18波美度，则应及时补充饱和盐水，直至盐水浓度稳定在18波美度左右。

（2）干盐腌渍法　这种方法以放一层瓜菜原料加一层干盐的方式进行腌制。先在缸底铺一层底盐，再在盐层上放一层瓜菜，用人工的方法或踩池机将菜体压紧，并使菜体中部分汁液外渗。然后再撒一层盐，再铺一层瓜菜，把菜体踩紧。如此反复，将瓜菜腌至缸口或池口，最后在菜体上面撒一层盖面盐，再压上重物，以防止菜体漂浮在腌出的卤水液面上，因微生物入侵而造成腐败。腌制中要注意掌握，上层用盐量比下层多一些。当食盐吸收菜体中的水分而溶化后，盐水下淋，使盐分均匀地渗入到原料中去。只加食盐腌制的产品，一般加盐量应为原料重的15%左右，多时可达20%～25%。若配以辅料，如花椒、辣椒、柠檬酸等时，其用盐量可相应降低，一般为原料重的10%～15%。

3. 翻缸　为使缸内盐的浓度上下一致，腌制过程中通常要翻缸。翻缸还可以起到散热、排除不良气味的作用。翻缸，就是将缸中的蔬菜，进行上下调换，使盐分均匀地渗透到菜体中。

4. 贮存 瓜菜盐腌加工完毕后，为防止制品败坏，需要贮存。制品贮存的方法，有直接封缸贮存和塑料容器包装贮存两种。直接封缸贮存的方法是，在最后一次倒缸时，使腌制品装至距缸口15～30厘米处，在制品上放好竹帘，压上重物，并将原卤水倒入缸中并浸没制品，然后加盖缸罩即可。采用塑料容器包装贮存时，将腌好的制品转入塑料桶内，并加满新配的食盐水，使制品浸入卤液内，最后盖上盖子，密封贮存。

四、蔬菜酱制

（一）酱制工艺

腌制蔬菜→咸坯→沥干→酱渍→沥干→酱渍→成品

（二）操作要点

1. 原料的选择与盐腌 酱瓜菜的原料很多，如黄瓜、越瓜、甜瓜、菜瓜等，都可以作酱瓜菜腌制的原料。大多数瓜菜在酱渍前，都要经过盐腌处理。盐腌时，对含水量较高的瓜菜加以干盐，其用盐量为鲜重的12%～20%。对于含水量较低的瓜菜，可用盐水腌制，用盐量为原料鲜重的25%左右。瓜菜经过10～20天的盐腌后，即可进行酱渍。

2. 制酱 腌菜用的酱，分为豆酱与面酱两种。豆酱又称为咸酱或黄酱，是以黄豆为主要原料制成的。面酱又称甜酱或甜面酱，是以面粉为主要原料制成的。

（1）豆酱制作

①制作工艺。

黄豆→淘洗→泡豆→蒸煮→接种→保温培养→入缸发酵

→熟化→豆酱

②制作要点。选用无霉烂的干燥黄豆作原料。将黄豆洗净，放在水中浸泡18～20小时，然后蒸煮，直到豆粒变软后取出冷却。每100千克黄豆加入30千克炒熟并冷却的面粉，拌和均匀，放在室内桌面上。待豆与面粉混合温度达40℃时，按投入料量的0.3%接入种曲，并充分混合拌匀，堆置在曲室内。室温维持在26℃左右，品温则在40℃以下，使其发霉。待坯子表面长满大量黄色的菌丝，即可取出。刷去霉菌孢子，搓碎，入缸，加入食盐液，并充分搅拌均匀。食盐液的配制，按每100千克坯子用水200升与食盐50千克的用量比例计算。入缸后，以日光暴晒或用人工加温，待制品显出棕黄色，并散发出特有的香气，酱即制成。在酱暴晒或加温的过程中，要每天搅拌一次。为防止灰尘，缸口要用纱布扎好，夜间加盖。

（2）面酱制作

①制作工艺。

选料→做面醅→拌曲→保温培养→制曲→发酵→熟化→面酱

②制作要点。选用无霉变、无杂质的面粉作制酱原料，用40℃的温水与面粉拌和，形成面饼状，铺放在蒸笼内，用蒸汽蒸1小时左右出笼。将蒸熟的面饼放在拌曲台上摊开，并进行翻拌。待其散热冷却至35℃时，把种曲均匀撒入其中（种曲要掺入少量面粉拌和好）。种曲用量为投料量的0.25%，使用前与0.5%炒熟放凉的面粉混合均匀，用细筛筛落到面饼上。

把拌入种曲的面饼移放曲室内，使其长霉。曲室管理与豆酱制作相同。取出后，刷去霉菌孢子，磨成粉状，入缸，加入食盐液，充分搅拌均匀。食盐液的配制，按每 100 千克长霉的面饼用 100 升水及 25 千克食盐。经 1～2 个月后，酱由黄转褐，即为成品。

③种曲的制备方法。大米经浸泡并蒸熟，冷却后，接种纯粹的霉菌孢子，在 32～35℃下进行培养。待绿黄色孢子大量形成时，收集备用。

3. 浸泡减咸 将用盐腌过的原料，放在清水中浸泡 1～2 天，以去除过多的食盐与苦味物质等。捞出后，沥去多余的水分并晾干。

4. 酱制 对于个体较小的瓜菜或切分后块形较小的瓜菜，可装袋酱制，但不能装得太满、过紧，否则酱液渗入不均匀。个体较大的瓜菜加工制品，可直接入缸酱制，如酱包瓜等。坯料与酱的比例为 1∶0.5～0.7。制作酱菜的酱，用甜面酱或稀黄酱，也可用酱中抽出的原汁酱油酱制瓜菜。酱制过程中，每天必须搅动 1～2 次，以促使制品均匀地吸收酱液和着色，同时也可散热，防止酱菜变质。经过 10～20 天后，酱汁就充分渗入菜体中了。酱菜酱制成熟后，可留在酱内长期贮存。酱菜取出后，余下的酱可继续使用。

五、蔬菜糖制

瓜菜糖制是以瓜菜为原料与糖或其他辅料配合加工成蜜饯和菜酱的一种加工技术。利用高糖防腐保藏作用制成糖制品，是我国古老的食品加工方法之一。糖制能改善瓜菜食用品质、增加花色品种、扩大利用自然资源。一般按其加工方法和成品状态分为蜜饯和菜酱两大类。糖制品是一种营养丰富的食品，除一般食用外，也是糖果、糕点的好辅料。糖制是以食糖的保藏作用为基础的加工贮藏法。食糖的种类、性质、浓度及原料中果胶含量和特性对糖制品的质量、保藏性都有重大的影响。

(一) 糖制基本原理

1. 食糖的贮藏作用 食糖本身对微生物无毒，低浓度糖液更能促进微生物生长，食糖的保藏作用在于高浓度糖液对微生物有不同程度的抑制作用。

(1) 高渗透压作用 高浓度糖液产生的高渗透压使微生物细胞脱水发生生理干燥而无法活动。

(2) 降低水分活性 糖具有较强的保水力，可束缚水分子，使能为微生物利用的有效水分减少。

(3) 抗氧化作用 氧气在糖液中的溶解度低，糖液浓度越高，氧气的溶解度越低，越有利于制品保藏。

糖制加工还结合干燥、包装、杀菌及添加酸、盐、防腐剂等措施以延长制品贮藏期。

2. 糖的性质 糖的性质，如甜味和风味、溶解度和晶析、吸湿性、沸点及蔗糖的转化等，与糖制的工艺措施、制品质量密切相关。

(1) 糖的甜度 糖的甜度会影响糖制品的甜味和风味。糖的种类不同，甜度不同。糖的甜度是主观的味觉判别，因此，一般都以相同浓度的蔗糖为基准来比较。以蔗糖甜度为100作为相对甜度进行比较，几种糖的相对甜度依次为：果糖174、蔗糖100、葡萄糖74、麦芽糖50。糖类的甜度依其浓度而变化，温度对甜味也有一定影响，糖的甜味还受其他味道的影响，如咸味、酸味等，适当的糖酸比是形成各种制品特有风味的重要基础之一。

蔗糖的甜味和风味纯正，能使人很快感受到，所以在生产中主要使用蔗糖，其次为麦芽糖、淀粉糖。糖制加工使用的麦芽糖不是纯麦芽糖，而是由淀粉糖化而成的，含有不少糊精等杂质，一般称为饴糖。葡萄糖甜中带酸涩，容易发生褐变，而且价格高，故生产上一般不采用。葡萄糖值（DE值）为42的淀粉糖的甜度约等于蔗糖的30％，常用来代替部分蔗糖（45％～50％）生产低糖产品。

（2）糖的溶解度和晶析　糖的溶解度和晶析对糖制品品质和保藏性影响较大。糖制品中液态部分达到饱和即析出结晶，从而降低了含糖量，削弱了保藏作用，同时也有损果脯、果酱类制品的品质；相反，也可以利用这一性质对部分干态蜜饯进行上糖衣的操作。

（3）蔗糖的转化　蔗糖在加工过程中，特别是在酸性和加热条件下容易转化为葡萄糖和果糖，称为转化糖（相对甜度为120）。转化糖在果品糖制过程中具有重要作用，可以提高蔗糖液的饱和区、抑制蔗糖的结晶、增大渗透压、加强制品的保藏性、增进制品的甜度及赋予制品蜜糖味，但在制造返砂蜜饯时则要限制蔗糖转化，否则不能形成再结晶的糖霜状态制品。

蔬菜糖制时，糖液中转化糖达到30％～40％时，蔗糖就不会结晶，但蔗糖过度转化时，反而降低糖的溶解度，产生葡萄糖结晶，同时使产品吸湿性增大。

蔗糖在酸性（pH以2.5为最适）和高温条件下容易转化，因此，在糖煮时若需要转化，可补加适量的柠檬酸或酸果汁。若糖煮时不需要转化，则可采取措施减少原料的含酸量，避免长时间加热。

（4）糖的吸湿性　糖制品吸湿后降低了其糖浓度，因而削弱了糖的保藏作用。糖的吸湿性与糖的种类及相对湿度有关，相对湿度越大，越容易吸湿。果糖和麦芽糖的吸湿性最大，其次是葡萄糖，蔗糖最小。糖制品要注意防潮包装，贮藏于干燥处。

（5）糖的沸点 糖液沸点随温度升高而升高。糖制品糖煮时常利用糖液的沸点温度上升数来控制收锅终点，估计出成品的可溶性固形物含量。例如果酱类收锅时温度达104～105℃，糖浓度可达60%，可溶性固形物含量为64%～65%。

3. 果胶的胶凝作用 菜酱类产品是利用果胶的胶凝作用来加工的。果胶是由许多半乳糖醛酸分子脱水结合而成的一长链高分子化合物，其中部分羧基被甲醇酯化。通常按其酯化度分为高甲氧基果胶（含甲氧基7%以上）和低甲氧基果胶（含甲氧基7%以下），两种果胶的胶凝作用不同，天然的果胶一般为高甲氧基果胶，普遍存在于蔬菜中。

（1）高甲氧基果胶的胶凝 果胶本身带负电荷并高度水合，阻碍胶体分子之间的凝聚。当有脱水剂（如50%以上的糖）及适量的氢离子（pH2.0～3.5）存在时，果胶分子脱水，并使其所带的负电荷消除，从而呈电中性，这样果胶大分子便凝聚成凝胶。因此，果胶的胶凝作用需要果胶、糖、酸比例适当，一般要求果胶含量1%左右，pH2.0～3.5或酸含量1%左右，糖浓度50%以上。果胶的胶凝过程是复杂的，受多种因素影响。

①果胶含量。果胶含量高较易胶凝。甲氧基化程度越高，分子量越大，胶凝力越强；反之则弱。

②pH。酸起中和电荷的作用，pH过高或过低都不能使果胶胶凝。pH过低会引起果胶水解，pH大于3.5则不胶凝，pH3.1左右时，凝胶的硬度最大。

③糖浓度。糖浓度高于50%时才起脱水剂的作用，浓

度较大，则脱水作用也大，胶凝也较快，硬度也大。其他胶体如琼脂、低甲氧基甲胶等，糖浓度对其胶凝无甚影响，因此适宜制造低糖果酱。

④温度。温度高于50℃时则不胶凝，低于50℃时则胶凝，温度越低，胶凝越快，硬度也越大。

(2) 低甲氧基果胶的胶凝　低甲氧基果胶的胶凝作用是由低甲氧基果胶的羧基与钙离子或其他多价金属离子结合所形成的，与糖用量无关。由于低甲氧基果胶的羧基大部分未被甲氧基化，因此，对金属离子比较敏感，少量的钙离子即能使之胶凝。pH（最适pH3.5～5.0）、温度（要求＜30℃）对其胶凝也有影响。

（二）瓜菜蜜饯生产技术

蜜饯类是不改变蔬菜原有组织状态进行加工，利用糖的性质完成原料组织中水分与糖分的交换。一般糖分渗入组织越多，形态越饱满，制品质量越好。糖分渗入的快慢受下列因素影响：

原料组织结构和化学成分：组织疏松，易透糖；组织致密，含果胶、淀粉多的透糖较慢；经热烫、切缝或刺孔的，透糖快。

温度高，糖分扩散快，因此热煮较冷浸透糖快。

原料内部若形成部分真空，糖分扩散也快，因此有采用热煮冷浸交叉进行的。

原料内外糖浓度差大，透糖快，但过大的差异反而会阻止糖分扩散。因原料在过浓糖液中，表面会迅速失水，形成质壁分离，不利于糖分继续扩散入内。因此，无论糖渍和糖煮都宜分次加糖。

糖分渗入到原料的过程是逐渐完成的，需要一定的时间和适宜的糖浓度差，而且受温度的影响。掌握糖制时糖液的浓度、温度和时间是蜜饯加工的3个重要因素。蜜饯品种虽多，但其生产工艺基本相同，只有少数产品、部分工序、造型处理上有些差异。

1. 工艺流程

原料选择→清洗→去皮、切分→护色处理→硬化处理→漂洗→预煮→糖制→干燥→整形→包装

2. 操作要点

（1）原料选择　蜜饯加工的瓜菜原料必须重视原料的组织结构与组成成分对渗糖的影响，应选择新鲜、组织致密、淀粉含量少的原料。

（2）洗涤、去皮及切分　原料要清洗干净，然后去皮切分，切分厚度一般为0.5～0.8厘米。

（3）护色、硬化处理　为防止褐变和糖制过程中不被煮烂，糖制前需对原料进行护色、硬化处理。护色处理是用浓度为0.1%～0.3%的亚硫酸盐溶液浸泡。硬化处理是将原料放在石灰、氯化钙、明矾等硬化剂（使用浓度为0.1%～0.5%）溶液中浸泡适当时间，使瓜菜适度变硬，糖煮时不易煮烂并保脆。石灰还有中和酸的作用，可降低原料中的酸含量。明矾有媒染作用，可使某些需要染色的制品容易着色。

通常护色与硬化处理同时进行，即配护色、硬化混合溶液同时浸泡处理。溶液用量一般与原料等量，浸泡时上压重物，防止原料上浮。原料硬化、护色处理后需经漂洗，以除去多余硬化剂和护色剂。

（4）预煮　又称热烫或烫漂，是一种短时的热处理及迅速冷却过程，其作用主要是钝化酶的活性，控制酶褐变以及

组织软化，除去不良风味，杀灭微生物和虫卵等，然而蜜饯加工热烫的目的主要是为了破坏原料细胞组织结构，使糖制时糖分容易渗透。

预煮时把水煮沸，用水量为原料的 1.5～2 倍，投入原料，预煮时间一般为 5～8 分钟，以原料达半透明并开始下沉为度。易煮烂的原料热烫后马上用冷水冷却，防止热烫过度。无不良风味的部分原料可结合糖煮直接用 30%～40%糖液预煮，省去单独预煮工序。

(5) 糖制 糖制是蜜饯加工的主要操作，大致分为糖煮、糖渍或两者相结合 3 种方法。也可利用真空糖煮或糖渍，这样可加速渗糖，提高制品质量。

①糖渍（蜜制）。糖渍即分次加糖，不进行加热，逐步提高糖浓度。在糖渍过程中取出糖液，经加热浓缩回加于原料中，利用温差加速渗糖。糖渍由于不加热或加热时间短，能较好地保持原料原有的质地、形态及风味，缺点是制作时间长，初期容易发酵变质。

②糖煮。糖煮前多有糖渍的过程。在煮制过程中，组织脱水吸糖，糖液水分蒸发浓缩，糖液增浓，沸点提高。由于原料不同，糖煮要求也不同，可分一次煮制、多次煮制、快速煮制和真空煮制等。

一次煮制适宜组织结构疏松、含水量较低的原料。将原料与浓度为 30%～40%的糖液混合，一次煮制成功，快速省工。但因加热时间长，原料易被煮烂，糖分不易达到内部，失水过多而干缩，生产上不常采用，一般把原料糖渍到一定程度后才煮制。

多次煮制即分 2～5 次进行煮制。第一次煮制时糖液浓度约为 35%，煮至原料转软为度，放冷 8～24 小时，以后糖煮时逐次增加糖浓度，如此重复，直至糖浓度达到要求为止。对不耐煮的原料，可单独煮沸糖液再行浸渍，这样冷热交替有利于糖分渗透，组织不致干缩，缺点是时间长，不能连续生产。

③快速煮制。将原料置于糖液中煮沸，然后捞起立即投入高一档浓度的糖液中，这样反复加热和冷却，糖浓度依次递增，很快完成透糖过程。此法时间短，可连续生产，但所用糖量较多，生产上一般也不采用。

④真空煮制。利用一定的真空条件，一方面促进糖分向原料内部渗透，另一方面由于沸点的下降，使原料在较低温度下只需加热较短时间即可达到要求的糖浓度，因此，产品能较好地保持瓜菜原有的色、香、味、质地及营养成分，但需要减压设备，投资大，操作麻烦，实际生产应用较少。

（6）装筛干燥　糖制达到所要求的含糖量后，捞起沥去糖液，可用热水淋洗，以洗去表面糖液，减低黏性，以利于干燥，干燥时温度控制在 60～65℃，期间还要进行换筛、翻转、回湿等控制。

（7）整理包装　干态蜜饯成品含水量一般为 18%～20%，达到干燥要求后，进行回软、包装。干燥过程中果块往往变形，干燥后需要压平。包装以防潮、防霉为主，用聚乙烯袋或尼龙/聚乙烯复合袋作 100 克、250 克等零售包装，再用纸箱外包装。

（三）菜酱生产技术

菜酱产品是先把原料打浆或制汁，再与糖配合，经煮制而成的凝胶脨状制品。由于原料细胞组织完全被破坏，因此其糖分渗入与蜜饯不同，不是糖分的扩散过程，而是原料及糖液中水分的蒸发浓缩过程，所以菜酱类是采用一次煮成法，而且浓缩越快、时间越短，品质越好。

1. 工艺流程

原料选择→原料处理→打浆→配料→加热浓缩→装瓶、封口→杀菌、冷却→成品

2. 操作要点

（1）原料选择　要求原料具有良好的色香味、成熟度适中、含果胶及酸丰富，原料要求含果胶及含酸量均为1%左右，不足时需添加和调整。酸主要是补加柠檬酸，果胶可用琼脂、海藻酸钠等增稠剂取代。

（2）原料处理　先经挑选，剔除霉烂、成熟度过低的不合格原料，清洗干净，有的原料需要去皮、切分、去核、预煮和破碎等处理，再进行加糖煮制。瓜菜泥要求质地细腻，在预煮后进行打浆、筛滤，或预煮前适当切分，在预煮后捣成泥状再打浆，有些原料还需经胶体磨处理。

（3）配料

①配方。按原料种类、制品质量标准确定。一般要求是：糖的用量与瓜菜浆（汁）的比例为1∶1，主要使用白砂糖（允许使用占总糖量20%的淀粉糖浆），低糖瓜菜酱与糖的比例约为1∶0.5，低糖瓜菜酱由于糖浓度降低，需要添加一定量的增稠剂。成品总酸量为0.5%～1%（不足可加柠檬酸）；成品果胶量为0.4%～0.9%（不足可加果胶或琼脂等）。

②配料准备。所用配料如糖、柠檬酸、果胶或琼脂等均应事先配制成浓溶液备用。白砂糖加热溶解过滤，配成70%～75%的浓糖浆。柠檬酸用冷水溶解过滤，配成浓度为50%的溶液。果胶粉或琼脂等按用量加2～4倍白砂糖，充分拌匀，用温水溶解过滤。

③投料顺序。瓜菜浆先入锅中加热10～20分钟，这样可蒸发部分水分，然后分批加入浓糖液，继续浓缩到接近终点时，按次加入果胶液或琼脂液，最后加柠檬酸液，在搅拌下浓缩至终点出锅。注意加热时要不断搅拌，防止焦底和溅出。

（4）加热浓缩　加热浓缩是瓜菜原料及糖液中水分的蒸发途径。浓缩方法有常压浓缩和减压浓缩。常压浓缩主设备是带搅拌器的夹层锅，工作时通过调节蒸汽压力控制加热温度。为缩短浓缩时间及保持制品良好的色、香、味和胶凝力，每锅下料量以控制出成品50～60千克为宜，浓缩时间以30～60分钟为好。时间过长，影响瓜菜酱的色、香、味和胶凝力；时间太短，会因转化糖不足而在贮藏期发生蔗糖结晶现象。浓缩过程要注意不断搅拌，防止锅底焦化；出现大量气泡时，可洒入少量冷水，防止汁液外溢损失、常压浓缩的主要缺点是温度高、水分蒸发慢、芳香物质和维生素C损失严重、制品色泽差。欲加工优质产品，应选用减压浓缩法。

浓缩终点的判断主要靠取样用折光计测定可溶性固形物的含量，达65%左右时即为终点，或凭经验控制，用匙取酱少许，倾泻时瓜菜酱难以滴下，黏着匙底，甚至挂匙边（称挂片），或滴入水中难溶解即为终点。常压浓缩可用温度计测定酱体温度，达104～105℃时即为终点。

（5）装瓶、封口　装罐前对容器清洗消毒，瓜菜酱类大多用玻璃瓶或防酸涂料铁皮罐为包装容器，也可用塑料盒小包装。出锅后，应及时快速装罐密封，密封时的酱体温度不低于80℃，封罐后应立即杀菌冷却。

（6）杀菌、冷却　为了安全，在封罐后还要进行杀菌处理，在90～100℃下杀菌5～15分钟，依罐型大小而定。杀菌后马上冷却至38～40℃，玻璃瓶要分段冷却，每段温差不要超过20℃，然后用布擦去罐外水分和污物，送入仓库贮藏。

六、瓜菜的罐藏

瓜菜罐头是将瓜菜进行预处理后装罐，经排气、密封、杀菌等措施，使产品满足密封、真空、无菌3个条件，这样瓜菜就能长期贮藏。瓜菜罐头具有贮藏期长、能较好地保持蔬菜的风味和营养价值、可直接食用、便于携带等特点，是较先进的加工方法。

（一）瓜菜罐头加工基本原理

1. 罐藏容器及其密封 罐头食品容器主要是马口铁罐（镀锡板罐）和玻璃罐2种类型，还有目前日益得到广泛应用的软包装容器。食品对罐藏容器的要求：卫生无毒；密封性能良好；耐腐蚀；适合工业化生产；满足各种要求，如便于携带、开启方便、美观等。

密封是使罐内食品与外界隔绝，维持真空，并防止外界微生物再侵染。马口铁罐是用封罐机进行卷封形成二重卷边，达到密封的目的。封罐机种类较多，但原理基本一致，基本结构由压头、托底板、头道滚轮和二道滚轮4部分组成。

玻璃罐的密封形式有卷封式、螺旋式、旋转式、套压式等，通过人工或机械的作用达到密封目的。玻璃罐的类型很多，各种类型都与它的封口结构有着密切关系。目前广泛应用的是旋转式玻璃瓶，常见的有四旋式，当罐盖旋转时，罐颈上的螺纹线正好与盖吻合，盖底还有橡胶圈正好压在瓶口上，达到密封的目的。有的罐盖还冲压有真空显示凹陷。

软罐头多采用热封，一般采用真空包装机进行热封。软罐头使用的包装材料有袋状（蒸煮袋）、盘（杯）状和圆筒状 3 种类型。其构成和形态是由食品的种类、状态等因素决定的。这些包装材料或是单层的塑料薄膜，如聚乙烯（PE）、聚丙烯（PP）、聚偏二氯乙烯（PVDC）等；或是复合薄膜，其外层（印刷面）薄膜有聚酯（PET）、尼龙（PA）。作为隔绝层的薄膜有铝箔、聚偏二氯乙烯，而作为密封层（内层）的薄膜有聚丙烯、特殊聚乙烯等。

2. 真空度的形成 真空度是通过排气这一工序形成的。排气是瓜菜装罐后，排除罐内空气（包括顶隙间的、原料组织内的和填充液的空气）的措施，排气的目的是使罐内形成一定的真空度，以抑制好气性微生物的活动，减少氧化作用，减轻营养成分损失和罐内壁腐蚀，防止或减轻罐头在高温杀菌时变形或损坏。

目前罐头工厂常用的排气方法有热力排气法和真空排气法 2 种。还有一种蒸汽喷射封罐排气法，目前应用较少。热力排气现今仍然是广泛采用的方法，利用空气、水和瓜菜受热膨胀的原理将空气排除。根据产品的具体情况，可采用热装罐排气和加热排气。对于瓜菜汁等流体食品，可加热到预期的温度后趁热装罐，接着立即封罐，一般在 70～75℃封罐可达到一定的真空度。对于其他的块状固态食品，一般是装罐注液后，放在热水或蒸汽排气箱中进行排气，排气温度一般为 82～100℃。经过一定时间，当罐内中心温度达到 70～90℃后立即进行封罐。

排气温度应以罐头中心温度为依据。罐头加热排气、杀菌或冷却时，加热或冷却最缓慢之点通常在罐中心处，此处常称为冷点，它为加热时罐内温度最低点，冷却时的最高点，罐头中心温度就是指冷点的温度。

抽真空排气是在真空封罐机中进行的，现在有普遍采用的趋势。封罐机利用真空泵先将其密封室内的空气抽出，建立一定的真空度，装罐后的瓜菜被输送带送入密封室，抽气后立即封罐。由于排气时间短，真空度受到一定限制。

罐头真空度是罐内气压与罐外气压之差，即罐外大气压力减去罐内压力。影响罐头真空度大小的因素很多，如加热的温度和时间、密封温度、杀菌温度、原料特性、顶隙和罐型大小、气温和气压等。

3. 杀菌的方式及选择 罐头杀菌的目的是杀死罐内有害微生物、致病菌，包括对酶活性的钝化，以保证瓜菜不败坏。在保证罐头安全贮藏的前提下，应尽可能降低杀菌强度。罐头杀菌是指商业杀菌，其含义是杀死致病菌，并不是杀灭一切微生物。由于瓜菜的含酸量影响微生物的抗热性，酸可以提高热的杀菌力，瓜菜罐头的 pH>4.5，为低酸性食品。这类食品采用100℃以上的高温杀菌（115～121℃），又称加压杀菌。

杀菌时间则取决于原料的特性、状态、微生物污染程度、杀菌初温、罐型、包装材料及物料和填充液的传热特性等因素。

影响罐头杀菌效果的主要因素：

（1）食品在杀菌前的污染情况 微生物污染率越高在同样温度下，杀菌时间就越长，如果在同样时间条件下需温度就越高。

（2）微生物的耐热性 微生物对热的敏感性与其种类、数量、食品成分有关。最不耐热的微生物是酵母菌。通常加热到 55～60℃并保温 5～10 分钟就能全部被杀死。在霉菌中最耐热的是子囊孢子，可以承受 85℃的高温，个别种类甚至在 94℃保温 2 分钟才会死亡。微生物中最耐热的是细菌，尤其是细菌芽孢。微生物数量也影响罐头的杀菌效果，原始的菌数越多，需杀菌时间就越长。

（3）瓜菜杀菌时的传热情况　传热方式有传导、辐射和对流 3 种。罐头加热杀菌时以传导和对流两种方式传热，传导比对流传热要慢。固态瓜菜主要是传导传热，传热慢而长；带汁液多的瓜菜则以对流传热为主，传热快而短。在实际杀菌过程中，这两种传热方式经常同时进行。

在加热杀菌过程中，热是逐渐由外向内、由表面到中心的，冷却时刚好相反。最后，达到要求温度的部位就是所谓的最迟加热点，以传导传热为主的瓜菜通常最迟加热点在罐的中心，而以对流传热为主的瓜菜通常是罐中心的下部。马口铁罐比玻璃罐的传热要快。罐型大小不同，传热快慢也不一样，罐型大的比罐型小的传热要慢。

罐头初温：即罐头杀菌前的罐内中心温度，对杀菌效果影响很大，在以传导传热为主的情况下，初温尤其重要。因此，罐头排气、封罐后要立即杀菌，时间越快越好，这样可以使罐头在加热杀菌前有较高的初温，从而提高杀菌效果。

酶的耐热性与杀菌：由于瓜菜罐头热力杀菌向高温短时方向发展，杀菌时间短，未能使原料固有酶的活性钝化，使瓜菜罐头在贮藏过程中常因酶的活动而引起变质。因此，在对瓜菜进行高温短时杀菌时，要特别注意对酶活性的钝化，否则达不到应有的效果。

瓜菜罐头根据加工方法及市场要求的不同，一般可分为清渍和调味两类。清渍瓜菜罐头（半成品瓜菜）的特点是加工方法比较简单，将原料经过预处理和预煮后，装入罐内，并加入稀盐水或糖、盐混合溶液；而调味类瓜菜罐头的特点是加工方法比较复杂，经过处理后的原料，按消费者的爱好，分别加工成油焖、红焖、麻辣、茄汁等。

（二）工艺流程

原料选择→挑选、分级→清洗→整理→预煮、调味→装罐、注液→排气→封罐→杀菌→冷却→检验→包装→成品

（三）操作要点

1. 原料选择 原料质量的好坏直接关系到制品的品质，只有采用优质的原料，才能生产出优质的产品。在选择原料时，一般可从下面几个方面进行考虑：

（1）品种是否合适 罐藏用的瓜菜品种极其重要，不同的产品均有其特别适合于罐藏的品种。

（2）成熟度是否恰当 每种原料均要求有特定的成熟度，不同的瓜菜种类品种要求有不同的成熟度。

（3）原料是否新鲜 原料越新鲜，加工品的质量越好，因此瓜菜从采收到加工，一般不要超过24小时。

2. 挑选、分级 首先要剔除腐烂、病虫害、畸形、成熟度不足或过熟等不合格的原料。为保证罐头成品的质量、便于加工操作、提高劳动效率、降低原料消耗，必须按原料大小、成熟度、色泽等分级，以便每批原料品质基本一致。若按形状、大小等分级，可采用机械分级，分级机有振动式和滚筒式等；若按原料的质量好坏来分级，一般是在工作台上或传送带上用人工分级。

3. 清洗 目的是除去瓜菜原料表面附着的尘土、泥沙、污物、残留农药及部分微生物，可人工清洗或用机械清洗。对不同种类或不同性质的原料，应采用不同的洗涤方法。一

般先在流动清水中浸泡，使表面的泥沙等杂质易分离除去，然后在水中鼓风的条件下洗刷或用高压水淋洗。对于表面有残留农药或污染微生物较多的瓜菜原料，可先在0.5%～1.0%盐酸溶液、0.1%～0.2%的高锰酸钾溶液或0.06%漂白粉溶液中浸泡3～5分钟，再用流水洗净。

4. 整理

（1）去皮 要求除去外皮不可食部分，保持去皮后果实外表光洁，防止因去皮太厚而增加原料的消耗。一般的去皮方法有手工、机械、热力、碱液4种。经碱液处理的原料，去皮后必须马上用流动水清洗干净，防止变色。

（2）护色 有些瓜菜去皮后露在空气中会迅速发生褐变，去皮后必须立即投入0.1%柠檬酸液、1%～2%盐水或酸盐混合液中护色。

（3）切分 根据原料种类和制品要求的不同，将原料切片、切块或切段。

5. 预煮 大部分瓜菜原料，装罐前均须经预煮处理，其目的主要是软化组织、便于装罐、排除原料组织中的空气、破坏酶的活性、稳定色泽、改善风味和组织、脱除部分水分、保持开罐固形物的稳定、杀灭部分附着于原料中的微生物。

通常采用连续预煮机以沸水或蒸汽加热预煮。预煮用水要经常更换，以保持清洁，易变色的浅色原料需在预煮中加入适量柠檬酸进行护色。预煮时间和温度根据原料种类、块形大小、工艺要求等条件而定。预煮后必须急速冷透，严防冷却缓慢，影响质量。需漂水的原料，捞入漂洗槽，按规定进行漂洗，漂洗过程要经常换水，以防变质。不漂水的原料，应立即捞起分选装罐。

6. 装罐

（1）空罐准备　不同的产品应按合适的罐型、涂料类型选择不同的空罐。装罐前空罐先清洗干净，再用蒸汽或热水消毒，清洗消毒罐不宜堆放太久，以防杂质、微生物再次污染。

（2）填充液配制　加填充液的作用是增进风味、提高初温、促进对流传热、提高杀菌效果、排除罐内部分空气等。瓜菜罐头一般加注淡盐水，其浓度一般为1%～2%，配制时煮沸，过滤后备用。

（3）分选、装罐　各种瓜菜装罐前要按质量要求进行分选，将不同色泽、大小形态的瓜菜分开装罐。每罐装入瓜菜量根据产品要求的开罐固形物含量及原料品种、老嫩、预煮程度、杀菌后脱水率等因素进行调整，装罐时汤汁一般要加满，防止因罐内顶隙度过大而导致氧化圈或瓜菜露出液面变色。

7. 排气、封口　注汤汁后的罐头，必须迅速加热排气或抽气密封。加热排气者，应注意排气时间和温度，使罐头中心温度达80℃以上。热传导慢的品种，装罐前复煮后趁热装罐并加入沸水再排气，排气后立即密封，排气过程要防止蒸汽冷凝水滴入罐内，采用抽气密封或预封后排气密封。真空封口时真空度一般为0.04兆帕左右。

8. 杀菌、冷却　封口后的罐头立即进入杀菌锅杀菌，其具体杀菌条件因各品种而异。瓜菜类罐头大部分属低酸性或接近中性的食品，由于原料在土壤中污染耐热性芽孢菌机会多，大部分采用高温杀菌。罐头杀菌后必须快速冷却，防止继续受热影响内容物的色、形、味，并严防嗜热性芽孢菌的发育生长。一般用反压降温5分钟左右，冷却至罐内中心温度为37℃为宜。

9. 检验

（1）保温检验　瓜菜罐头的保温检验，当温度不低于20℃时常温贮藏7昼夜，超过25℃时可为5昼夜。保温后按质量标准进行检验，合格的产品才能包装出厂。

（2）感官指标检验　色泽和组织形态检验。在室温下将罐头打开，然后将内容物倒入白瓷盘中观察色泽、组织、形态是否符合标准。

滋味和气味检验。检验是否具该产品应有的滋味与气味，并评定其滋味和气味是否符合标准。

（3）理化指标检验　净含量、可溶性固形物含量及固形物含量按QB1007规定的方法检验；酸含量按QB/T12456规定的方法检验；氯化钠含量按QB/T12457规定的方法检验；重金属含量按QB/T5009.16、QB/T5009.13、QB/T5009.12、QB/T5009.11等规定的方法分别测定锡、铜、铅、砷。

（4）微生物检验　微生物按QB4789.26规定的方法检验。

（5）检验规则　按QB1006执行。

10. 标志、包装、运输和贮藏

（1）标志　罐头标签按QB7718的规定执行，包装标志按QB12308的规定执行。

（2）包装　纸箱、内衬垫材料、封箱带按QB12308的规定执行。包装要求：马口铁罐头表面须清洁、无锈斑、封口完整、卷边处无铁舌、不漏气、不胖罐、无变形；罐头标签采用外贴商标纸（或用印铁商标），商标纸须清洁、完整、牢固而整齐地贴在罐外，商标纸与罐身内高相等，其公差不得超过3毫米；箱内罐头排列整齐，不松动。

(3) 运输　运输工具必须清洁干燥，不得与有毒物品混装、混运。长途运输的车船必须遮盖。运输温度应控制在0～38℃，避免骤然升降。搬运一般不得在雨天进行，如遇特殊情况，必须用不透水的防雨布严密遮盖。搬运中必须轻拿、轻放，不得使用有损纸箱的工具，不得抛摔。

(4) 贮藏　贮藏仓库应有防潮措施，远离火源，保持清洁。贮藏仓库温度以20℃左右为宜，避免温度骤然升降，仓库内保持通风良好，相对湿度一般不超过75%，在雨季应做好罐头的防潮、防锈、防霉工作。罐头成品箱不得露天堆放或与潮湿地面直接接触。底层仓库内堆放罐头成品时应用垫板垫起，垫板与地面之间距离15厘米以上，箱与墙壁之间距离50厘米以上。成品箱的排列方式采用QB12308附录B的规定执行。罐头成品在贮藏过程中，不得接触和靠近潮湿、有腐蚀性或易于发潮的货物，不得与有毒化学药品或有害物质放在一起。

七、瓜菜的冻藏

(一) 冻藏原理

1. 冷冻对微生物的影响　各种微生物都有生长、繁殖的适宜温度范围，超过或低于这个范围，它们的活动就会减弱以至停止。当温度降到0℃时，大多数产毒和致病菌即停止繁殖、活动，而某些霉菌和酵母菌仍有活动。当温度降至－10℃时，瓜菜中大部分水已结成冰，溶液的浓度就相应地增高，水分活性大大减小，几乎所有的微生物都不能继续活动，但微生物所产生的酶仍有作用。只有温度降到－18℃以下，微生物和酶的作用才基本停止。因此，冷冻瓜菜的温度必须达到－18℃以下，冻藏温度最高也不应超过－10℃。而且，由于在冷冻低温下，许多嗜冷菌，尤其它们的孢子并未死亡，一旦温度回升，它们还可能恢复活动。

2. 冷冻对瓜菜的影响 采收后的新鲜瓜菜，仍然是有生命的活体，在普通的冷藏温度下，体内各种酶类所催化的呼吸等代谢过程仍在缓慢地进行着。因此，随着贮藏时间的延长，不可避免地要逐步丧失新鲜风味，消耗营养成分，细胞组织老化，以至失去食用价值。而在冷冻的低温下（－18℃以下），不仅外界微生物的活动受到有效的控制，而且瓜菜组织细胞冻结，原生质处于相对静止的脱水状态，各种酶类的活性也被抑制，因此，可以较显著地阻止瓜菜色泽、风味和质地的变化以及营养成分的损失。

但是，即使在冷冻的低温下，瓜菜中的许多酶类并未完全失去活性（有的酶甚至在－73.3℃仍有活性），在冻结和冻藏过程中仍然会发生不同程度的变色、变味和维生素C的损失。因此，瓜菜原料在冻结前往往要经过热烫处理，即利用适当的高温来破坏酶。即使如此，某些耐热的酶所致的变化以及非酶变化还是难以完全避免。更由于冷冻所形成的结晶和因气化而剧增的压力，在不同程度上对细胞膜的伤害，以及脱水对原生质的损害，一旦解冻，瓜菜就会失去原有的脆性甚至成为软烂状态，汁液外流，也容易被微生物侵害。所以，冷冻瓜菜解冻后，应立即烹调食用，有的可以不经解冻，直接下锅急火热煮。

3. 瓜菜冻结的温度变化 经过前处理的瓜菜进入冻结期后，品温迅速下降到0℃以下，但并不结冰。当到达一个低温点（“过冷点”）后，温度急速回升到冰点，同时在细胞间隙形成“晶核”。到达冰点后，细胞内的游离水不断地被摄出并附着在晶核上，冰晶就逐渐增大。当占大多数的游离水结成冰后，品温再度急剧下降，进而使细胞原生质胶体的结合水也开始结冰，最后可能由于原生质过度失水，蛋白质发生不可逆的凝固变性而致细胞死亡。

如果使新鲜的瓜菜组织极缓慢地轻度冻结（又称“微冻”），温度控制在游离水结冰的范围（一般为－5～－1℃）内，以后再经缓慢地解冻，细胞组织就可能复活，瓜菜也能恢复到原来新鲜的状态。我国北方菜农在长期的生产实践中创造的菜瓜、越瓜等瓜菜的露地冻藏法，就是符合这种科学道理而取得良好的效果。近来，日本等国已有将“微冻法”或“冰温冷冻法”应用于水产、肉类的保鲜。

4. 缓慢冷冻与急速冷冻 通常认为，冷冻的速度越慢，在细胞间隙形成的冰晶就越大而少。因而对细脑膜的伤害也就越重。因此，决定冷冻瓜菜品质的关键在于急速（30 分钟以内）通过“最大冰晶生成带”，并在细胞内外同时形成小而多的冰晶，以减轻它们对细胞组织的损害和汁液外流的程度。所谓“最大冰晶生成带”就是指品温从冰点下降至大部分水（游离水）结成冰的温度范围（一般为－5～－1℃）。但是生产实践证明，对于含水多、纤维质的瓜菜，即使采用－18℃以下的急速冷冻，还是得不到满意的效果。所以，目前试验研究的两个相反的方向，就是极缓慢的轻微冷冻和急速的深度冷冻。后者由于达到的终温越低，冻结速度越快，能源消耗和成本也就越高，在瓜菜类食品上应用不能不受到一定的限制。前者的关键，在于极缓慢（0.1～0.2℃/小时）冷冻速度的控制和微冻后稳定低温的保持问题。

（二）工艺流程

原料选择→采收运输→整理（清洗、挑选、整理、切

分）→烫漂→冷切→沥水→装盘（或直接进入传送网带）→预冷→速冻→包装→冻藏→运销

（三）操作要点

1. 原料选择 原料的质量是决定速冻瓜菜质量的重要因素，因此要注意选择适宜速冻加工的品种。瓜菜属于含水分和纤维多的品种，对冷冻的适应能力差。一般要求原料品种优良、成熟度适当、鲜嫩、规格整齐、无农药和微生物污染等。

2. 采收运输 瓜菜采收时要细致，避免受机械损伤。采收后应立即运往加工地点，在运输中要避免剧烈颠簸，防日晒雨淋。

3. 原料整理 原料应当在当日采摘，当日加工。必要时可用冷藏保鲜，但时间不宜长，以免鲜度减退或变质，为了避免增加微生物污染的机会，应加速处理，并在各个环节多加注意。原料应充分清洗干净，加工所用的冷却水要经过消毒（可用紫外灯），工作人员、工具、设备、场所清洁卫生的标准要求高，加工车间要加以隔离。速冻蔬菜属于方便食品类，而在加工过程中并没有充分保证的灭菌措施，因此微生物污染的检测指标要求很严格。

原料要经挑选，剔除病虫害、机械伤、成熟度过高或过低的原料。有些品种需要去皮、去籽、去筋等及适当切分（有些品种也可以整个加工）。为防止原料在去皮或切分后变色，可用清水浸泡或浸泡于0.2％亚硫酸氢钠、1％盐、0.5％柠檬酸等溶液中。

速冻后瓜菜的脆性不免会减弱，可以将原料浸入0.5％～1％的碳酸钙（或氯化钙）溶液中10～20分钟，以增加其硬度和脆性。

4. 烫漂　烫漂的主要目的是钝化酶活性，有关烫漂处理参见瓜菜干制部分。原料热烫后应迅速冷却，一般有水冷和空气冷却等方法，可以用浸泡、喷淋、吹风等方式，最好能冷却至5～10℃，最高不应超过20℃。经过烫漂和冷却的原料带有水分，需要沥干，可以用振动筛或离心机脱水，以免产品在冻结时黏结成堆。

5. 预冷与速冻　经过前处理的原料可预冷至0℃，这样有利于加快冻结。许多速冻装置设有预冷段的设施，在其他冷库预冷，等候陆续进入冻结。冻结速度往往由于瓜菜品种的不同、块形大小、堆料厚度、入冻时品温、冻结温度等因素而有差异，必须在工艺条件上及工序安排上考虑紧凑配合。

经过前处理的瓜菜应尽快冻结，速冻温度在－35～－30℃，风速应保持在3～5米/秒，这样才能保证冻结以最短的时间（<30分钟）通过最大冰晶生成区，使冻品中心温度尽快达到－18～－15℃以下。只有这样才能使90%以上的水分在原来位置上结成细小冰晶，大多均匀分布在细胞内，从而获得具有新鲜品质，而且营养和色泽良好的产品，才能称之为速冻瓜菜。

6. 包装　冻结后的产品经包装后入库冻藏，为了加快冻结速度，瓜菜冻品生产采用先冻结后包装的方式，在包装前，应按次进行质量检查及微生物指标检测。冻结瓜菜的包装有大、中、小各种形式，包装材料有纸、玻璃纸、聚乙烯薄膜（或硬塑）及铝箔等，包装材料的选择主要为避免产品的干耗、氧化、污染而考虑采用透气性能低的材料，还可以采用抽真空包装或抽气充氮包装，还应有外包装，大多用纸箱，每件重10～15千克。包装的大小可按消费需求而定，半成品或厨房用料的产品可用大包装。家庭用及方便食品要用小包装（袋、小托盘、盒、杯等）。在分装时，应保证在低温下进行，工序要安排紧凑，同时要求在最短时间内完成，重新入库。一般冻品在－4～－2℃时，即会发生重结晶，所以应在－5℃以下的环境中包装。

7. 冻藏 速冻瓜菜的长期贮藏要求贮温控制在－18℃以下，冻藏过程应保持稳定的温度和相对湿度。若在冻藏过程中库温上下波动，则会导致再结晶使冰晶体增大，这些大的冰晶体对瓜菜组织细胞的机械损伤更大，解冻后产品汁液流失增多，严重影响产品质量。不应与其他有异味的食品混藏，最好采用专库贮藏，速冻瓜菜产品的冻藏期一般可达12个月以上，条件好的可达2年。

8. 运输销售 在运输时，要应用有制冷及保温装置的汽车、火车、船、集装箱专用设施，运输时间长的要控制在－18℃以下，一般控制在－18℃即可。销售时也应有低温货架或货柜。整个商品供应程序采用“冷冻链”系统，使冻藏、运输、销售及家庭贮藏始终处于－18℃以下，才能保证速冻蔬菜的品质。

9. 速冻瓜菜食用前的解冻 解冻是速冻瓜菜在食用前或进一步加工前必经的步骤。对小包装的速冻瓜菜，家庭中常常采用结合烹调和自然放置下融化两种典型的解冻方式。解冻过程对加工原料来说，它不仅直接关系到解冻原料的组织结构，而且对加工后产品的质量和风味等都有直接的影响。通常低温缓慢解冻比高温快速解冻汁液流失少，但瓜菜和调理冷冻食品快速解冻比缓慢解冻要好。

速冻瓜菜的食用方法与新鲜瓜菜基本相同，可根据品种不同和食用习惯，稍加解冻，即可下锅烹调，火要调旺。

第二章 瓜菜类贮藏的基本原理

一、瓜菜类贮藏的理论基础

“贮藏”是利用采后生理学的原理，通过延缓蔬菜商品的衰老，防止腐烂变质的进程，来达到延长供应期的保鲜增值手段。腐烂变质都是由两个基本原因引起的：其一是食品本身所含物质及周围环境引起的物理、化学和生化变化；其二是微生物活动引起的腐烂和病害。新鲜蔬菜在贮藏中仍然是有生命的机体，而且正是依靠蔬菜（活体）所特有的对不良环境和致病微生物的抵抗性，才能使其得以延长贮存期，保持品质，减少损耗。

（一）瓜类蔬菜贮藏的基本理论

瓜类蔬菜起源于亚洲、非洲、南美洲的热带或亚热带区域。在自然和人工选择的作用下，逐渐形成许多变种、生态型和品种。到目前为止，各种瓜类蔬菜已形成一个庞人的种族，品种繁多，风味各异，都是膳食佳品。我国瓜类蔬菜栽培面积大，品种多，发展瓜类蔬菜生产在繁荣农业经济、保证城乡供给方面起了很大的作用。而且我国瓜类蔬菜有大量名特产区，许多瓜类蔬菜都是驰名中外的珍品。瓜菜中含有糖类、蛋白质、脂肪、维生素及矿物质等多种营养物质，对保证人们的身体健康有重要作用。

表 2-1 瓜菜的分类

种 类	代表性瓜菜
甜瓜属	甜瓜、越瓜、菜瓜、黄瓜
南瓜属	南瓜、西葫芦、笋瓜、金瓜
冬瓜属	冬瓜、节瓜
苦瓜属	苦瓜
丝瓜属	丝瓜
葫芦属	瓠瓜
栝楼属	蛇瓜
佛手瓜属	佛手瓜

表 2-1 所示瓜菜都属于葫芦科，但由于品种不同又属于不同的属。由表 2-1 可以看出其中以：甜瓜属、南瓜属、冬瓜属所占瓜菜居多。

瓜菜中除了冬瓜、南瓜等少数几种食用成熟果实外，多数则以幼嫩果实供菜用。幼果新陈代谢旺盛，含水量高，表面保护组织还不完备，并且多数瓜菜原产于热带，在高温季节生长，不适应接近 0℃的低温，所以历来认为瓜菜难贮藏。随着食品保藏技术的发展，冷库贮藏、简易气调贮藏、小包装贮藏保鲜及涂膜保鲜等技术给瓜菜类及其他蔬菜贮藏提供了有利条件，大大地延长了瓜菜类的贮藏期。

如黄瓜，嫩黄瓜含水量高，代谢活动旺盛，外皮保水能力很差，所以采收后营养物质消耗很快，并极易失水萎蔫而变“糠”。黄瓜脆嫩，易受机械伤害，特别是刺瓜类型，瓜刺碰伤流出汁液，容易被病原菌侵染而发生腐败变质。黄瓜在贮藏期间所含叶绿素会逐渐分解，使瓜皮由绿色变为黄色，贮藏时要注意瓜皮颜色的变化。另外，在贮藏中由于种子发育，瓜条会部分膨大，形成“大肚”或“大头”现象，同时瓜柄一端变“糠”。因此，黄瓜是瓜菜类中很难贮藏的一种蔬菜。

1. 呼吸作用 一切生命活动所需要的能量都要依靠呼吸来提供，采后各种合成过程的原材料也是呼吸的分解产物。采后虽然干物质总量不再增加，但仍有种种合成过程，有时还形成新的细胞和组织。这些过程只能利用瓜菜体内原有的物质，通过分解和再组合而实现。呼吸失调则发生生理障碍，不仅各种过程不能正常进行，还会出现生理病害。从这点出发，瓜菜采收后、应尽可能保持呼吸作用的正常进行。所以，保持瓜菜采后尽可能低的，又是正常的呼吸过程（也就是生命活动过程），是新鲜瓜菜贮藏保鲜的基本原则和要求。

（1）呼吸的基本原理

①呼吸类型。由于采收后的瓜菜所处的贮藏环境条件不同，其呼吸作用可表现为两种不同的类型：

a. 有氧呼吸。在正常的环境中，即在氧气充足的条件下，通过氧化酶的催化作用，将体内积累的糖、酸等有机物质充分分解为二氧化碳和水，并释放出热能。通常用下列化学反应式表示：

$$C_6H_{12}O_6 + 6O_2 \rightarrow 6CO_2 + 6H_2O + 2820.02\text{千焦}$$

（葡萄糖）（氧气）（二氧化碳）（水）（热能）

b. 无氧呼吸。瓜菜在缺氧的条件下所进行的呼吸作用。在这种情况下，有机物质不能充分氧化，除产生二氧化碳外，还有酒精或乳酸等中间产物。可用下列化学反应式表示：

$$C_6H_{12}O_6 \rightarrow 2C_2H_5OH + 2CO_2 + 100.42\text{千焦}$$

（葡萄糖）（酒精）（二氧化碳）（热能）

②呼吸强度和呼吸系数。用来衡量瓜菜呼吸强弱的指数是呼吸强度，它的定义是指在一定的温度下，单位时间内单位重量的产品释放出的二氧化碳（CO_2）或吸收的氧气（O_2）的量。一般以 1 000 克瓜菜产品在 1 小时内释放出的二氧化碳的毫克数为标准。常用的表示方法为：CO_2 毫克/（小时·千克，鲜重）。

不同的瓜菜种类、品种，其呼吸强度不同。一般情况下，甜瓜类呼吸强度较大，冬瓜类次之，南瓜类瓜菜的呼吸强度较小。通常呼吸强度大的瓜菜不易贮藏。

呼吸系数是瓜菜在呼吸作用中释放的二氧化碳和吸入氧气的容积比。呼吸系数也称为呼吸商。可用下式表示：

$$\text{呼吸系数}=V_{CO_2}/V_{O_2}$$

通过观察呼吸系数的变化，可以大致分析呼吸基质和呼吸类型。当以糖为呼吸底物并完全氧化（即有氧呼吸）时，呼吸系数为 1；若供氧不足，出现缺氧呼吸时，呼吸系数大于 1。根据不同的情况，呼吸强度的测定方法有多种，常用的有：酸碱滴定法、pH 比色法、红外气体分析法、气相色谱法等。

瓜菜收获后，虽然物质的分解加速，合成减弱，但发展总趋势是由幼嫩向衰老过渡，同样需要合成一些特殊的酶来完成，在完成成熟衰老的过程中，同时孕育着新的生命体的出现。例如，苦瓜由绿色变为红色，合成各种蛋白质使种子长大等。以上新物质成分的产生在瓜菜贮存期中进行得越慢越好。实践证明，改变贮存的环境条件，可使瓜菜的呼吸减慢而延长贮存期。

③跃变型瓜菜和非跃变型瓜菜。在果实生长发育过程中及采摘以后，呼吸作用的强弱不是始终如一的。根据呼吸曲

线的变化模式不同，可将瓜菜分为两类。一类叫做跃变型瓜菜，其幼嫩果实的呼吸旺盛，随着果实细胞的膨大，呼吸强

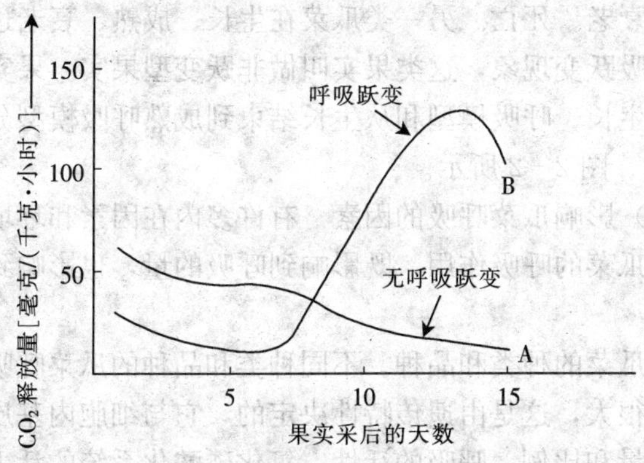

图 2-1　果实发育期间的生长、呼吸模型

A. 非跃变型（如黄瓜）　B. 跃变型（如硬皮甜瓜）

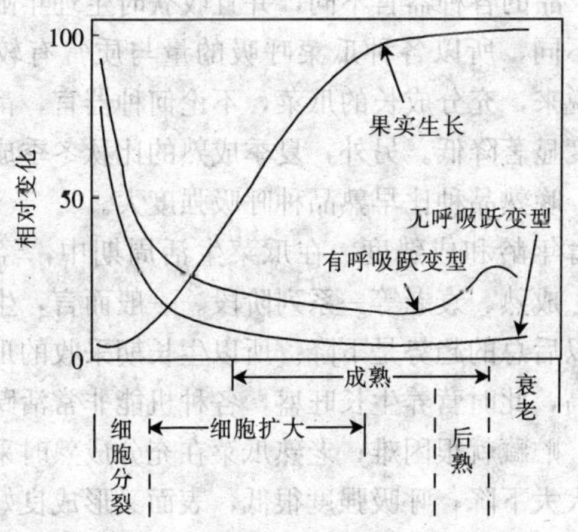

图 2-2　不同类型果实从生长结束到成熟的呼吸模型

度逐渐下降，开始成熟时呼吸强度突然上升，完熟时达到呼吸高峰，此时果实和风味品质最佳，然后呼吸强度下降，果实开始衰老、死亡。另一类瓜菜在生长、成熟、衰老过程都没有呼吸跃变现象，这类果实叫做非跃变型果实。果实发育期间的生长、呼吸模型和从生长结束到成熟呼吸模型分别如图 2-1、图 2-2 所示。

（2）影响瓜菜呼吸的因素　有许多内在因素和环境因素影响着瓜菜的呼吸作用，既影响到呼吸的量，也影响到呼吸的质。

①瓜菜的种类和品种。不同种类和品种的瓜菜呼吸作用的差异很大，这是由遗传特性决定的，它与细胞内基质的种类、含量和比例，呼吸的活性，氧化磷酸化系统的活力，机体利用氧的能力，无机盐的浓度，激素平衡的状况等因素有密切的关系。

瓜菜产品的各种器官不同，并且收获时生理年龄生理状况也各有不同，所以各种瓜菜呼吸的量与质常有较大的区别。一般说来，充分成长的瓜菜，不论何种器官，都比幼嫩时呼吸强度显著降低。另外，夏季成熟的比秋冬季成熟的呼吸强度大，晚熟品种比早熟品种呼吸强度大。

②发育年龄和成熟度。在瓜菜生活周期中，经历了生长、发育、成熟、衰老等一系列阶段。一般而言，生长期呼吸最旺，以后总的趋势是下降。所以生长期采收的瓜菜，呼吸强度很高，此时营养生长旺盛，各种机能非常活跃，衰老变质很快，贮藏就很困难；老熟瓜菜在充分成熟时采收，代谢活性已大大下降，呼吸强度很低，表面又形成良好的保护结构，就为贮藏创造了极为有利的条件。

③温度。所有的化学反应毫无例外地受温度的影响。采

后瓜菜由于生活条件发生了很大的变化，组织内部的代谢机能相应地进行调整，将以合成为主的过程改变为以分解为主的过程。外界环境条件对这一过程施加明显的、复杂的影响，两者无时无刻不存在着相互作用，其中温度就是一个最基本的因素。

在一定范围内，温度升高，酶活性增强，呼吸强度因之增大。通常在5～35℃之间，温度每上升10℃，呼吸强度增大1～1.5倍，即温度系数（Q_{10}）=2～2.5。

这个特点表明，瓜菜贮藏应该严格控制好适宜的稳定低温，如温度上升，会使呼吸强度很快增大。这是因为温度超过正常范围继续上升，会导致呼吸作用初期上升，其后急剧下降直至为零。这是由于在过高温度环境下，一方面促进化学反应的速度，另一方面致使酶活性受到抑制或被破坏。此外，还可能由于高温使呼吸加强后，外部的氧气向组织内扩散慢，呼吸形成的二氧化碳在细胞内积累到危害代谢的程度，以及呼吸底物的极度消耗引起“饥饿”状态，这些情况都说明，高温不仅引起呼吸的量变，也将引起呼吸的质变，增大缺氧呼吸的比重。

但也应注意温度不宜过低，以免冻害的发生。如：黄瓜贮藏的适温问题，似乎可以低于10℃，甚至可以接近0℃。如民间采用缸贮、窖贮、大白菜包黄瓜贮藏等，其贮藏温度都接近0℃，取得了比较好的贮藏效果。但一般来说，黄瓜贮藏的适宜温度范围很窄，10℃以下受冷害，15℃以上腐烂和变黄明显加快，适宜的贮藏温度为12～13℃。苦瓜对乙烯较为敏感，用保鲜膜包装，在高温条件下贮藏一天，就会因为乙烯的积累，而出现黄色。

但不能就此认为，为了抑制瓜菜的呼吸，贮藏温度越低越好。许多喜温瓜菜如甜瓜类，都有一个适宜低温的限度，低于此限度，就会引起呼吸代谢反常，招致冷害。温度升高时呼吸增强得特别剧烈，冷藏的瓜菜出库后就可见到这种现象，含淀粉多的瓜菜尤其明显。此外，经常波动的温度对细胞原生质有刺激作用，因而促进呼吸，所以瓜菜贮藏时应力求库温恒定。

④空气成分。实践证明，如果将空气中氧气含量降到10%以下，就会明显降低瓜菜呼吸作用。由于在低氧分压条件下贮存，物质和能量消耗减慢，瓜菜衰老也慢，所以能较长时间保持鲜度。但这种氧气含量降低有一极限。当氧气含量小于2%时，许多瓜菜都会产生生理伤害。这主要是由于低氧分压，瓜菜趋向于无氧呼吸过程，从而积累大量乙醇、乙醛等有害物质的结果。

近年来，降氧贮存瓜菜已广泛使用。由于每种瓜菜对氧分压的敏感性不同，采用此法要严格控制氧分压的下降权限值，才能取得良好的贮藏效果。至于二氧化碳，凡高于0.03%浓度，对瓜菜呼吸均有抑制作用。二氧化碳对瓜菜保鲜的良好作用，表现在保持瓜菜绿色素和维持果菜的硬度等方面。但浓度过高的二氧化碳会引起异常代谢，产生生理障碍。不同瓜菜，其二氧化碳分压的上限值不同，多数在5%以下能正常生存。如：黄瓜气调贮藏时，控制约5%的氧气和5%的二氧化碳。

⑤湿度。与温度相比较，湿度的影响较次要，但对瓜菜的呼吸作用仍有很大影响。由于瓜菜种类不同，对湿度的要求亦存在很大差别。如南瓜贮藏时湿度一般为70%～75%，收获后经晾晒或风干，有利于降低呼吸强度，增强耐贮性。大部分瓜菜则要求高湿，如黄瓜一般保持在91%～96%之

间对其贮藏是极为有利的，而干燥反而会促进呼吸，产生生理病害。所以，瓜菜贮藏要根据瓜菜的种类来确定贮藏环境的湿度。

⑥机械伤害和病虫害。很早以前人们就发现，植物体受到损伤时，呼吸强度增高。如受伤严重的黄瓜，在贮存时会发热，这是呼吸增强的表现。这种呼吸增强称为伤呼吸。任何机械损伤，即使是轻微的挤压或摩擦，都会引起瓜菜的伤呼吸。一般认为，伤口和创面破坏了细胞结构，加速了气体的扩散，也增加了酶与底物接触的机会，同时伤口周围的细胞要进行旺盛的细胞分裂以修复伤口，所有这些都导致呼吸强度显著上升。

虫害也会引起呼吸增强，其原因和伤呼吸的原理基本相同。病害可激发呼吸的保卫反应，也会使呼吸增强。所以在瓜菜收获及其以后的各个环节中，要尽可能避免损伤蔬菜，并防止病虫害的发生。冬瓜在贮藏过程中，通常易发生果实由内向外腐烂淌水，瓜体出现豆子斑和堆放接触面霉变等现象，这是由于搬运中震动过大，果实内部倒瓤，细胞组织受破坏，或带入田间炭疽病，以及空气不流通等原因造成的。

⑦其他物理化学因素。电离辐射是加工贮存食品的手段之一，瓜菜贮存中使用最多的是γ射线。γ射线可由人工放射性同位素钴 60（^{60}Co）产生。使用适当强度的钴 60γ 射线照射的蔬菜可贮存较长的时间。瓜菜经γ射线照射后，其呼吸强度减弱，减弱的程度因不同对象而异。人们可以利用不同组织对辐射敏感性的差异，选择瓜菜贮存时的处理剂量。

（3）呼吸与采后保鲜的关系　呼吸作用是采后瓜菜生命活动的主导过程，一切其他的变化无不受到呼吸作用的影响和制约。一旦呼吸失调，就会打破机体内部原有的高度统一的新陈代谢各个环节之间的协调平衡，出现代谢紊乱，导致生理病害。由于削弱了自身的耐贮抗病性能，就会继发并加重侵染性病害。因此要使有生命的瓜菜在采后维持其新鲜品质，就不能干扰其正常的呼吸作用。

①呼吸消耗和呼吸热。呼吸要消耗呼吸底物并放出呼吸热。瓜菜采后的呼吸消耗是干物质的净消耗，无疑这种消耗应该越少越好。据计算，1克分子葡萄糖通过有氧呼吸，完全氧化为二氧化碳和水时，约有55%能量以热的形式释放出来。释放出的呼吸热会使环境温度升高，对瓜菜贮藏和保鲜是不利的。这也是瓜菜在采后要尽快、尽可能地降低其呼吸强度的原因。当然，一切降低呼吸强度的措施，都必须以不违背瓜菜正常的生命活动为原则。

②呼吸失调与生理障碍。瓜菜采收后，因管理不善，使无氧呼吸加强或呼吸途径的某一环节出现异常情况，都会破坏新陈代谢各环节间的协调平衡，产生生理紊乱，这些都是属于呼吸失调。假如在某环节上酶或酶系统受到破坏，呼吸反应就会受挫或中断，并积累氧化不完全的中间产物。这种呼吸失调必然造成生理障碍，这是生理病害的根本原因。瓜菜一旦发生了生理病害，就会影响它的商品价值和食用价值。

③呼吸的保卫反应。呼吸的保卫反应主要针对植物处于逆境、遭到伤害和病虫侵害时，机体所表现出来的一种积极的生理机能，这就是加强细胞内氧化系统的活性。前面讲到的伤呼吸，就是呼吸保卫反应的一个例证。随着成熟衰老的进行，瓜菜组织的代谢活性降低，必然使呼吸的保卫反应削弱，就容易感染病害。另外，伤呼吸的进行，使呼吸消耗和呼吸热增加，水分散失增多，这对瓜菜品质的保持无疑将带

来危害。但是，这种呼吸的保卫反应，在品种间有着很大的差异。抗病耐贮的品种，反应迅速而强烈；抗病性弱的品种，则反应迟缓，不明显，甚至不发生反应。呼吸保卫反应的速度和强度，也同贮藏产品在当时所处的环境条件及其本身的生理状况有关。

2. 蒸腾作用 大部分新鲜瓜菜含水量高达85%～96%，在贮藏中很容易由于蒸腾脱水而引起组织萎蔫，植物的细胞只有在水分充足时，才能使组织呈现脆嫩的状态，并富有光泽和弹性。瓜菜只有在这种状态时才算是新鲜的，如果瓜菜水分蒸发过多，组织萎蔫、疲软、皱缩、光泽消退，瓜菜就失去了新鲜状态。同时，蒸腾作用也会使蔬菜的重量减轻，造成经济损失。为了减少损失，贮藏时可采用保鲜膜或纸类等包装，对鲜嫩的丝瓜、黄瓜、西葫芦等瓜菜还会提供一定的保护作用。

（1）蒸腾、萎蔫对瓜菜贮藏的影响 瓜菜在贮藏中不断蒸腾脱水所引起的最明显现象就是失重和失鲜。失重即所谓“自然损耗”，包括水分和干物质两方面的损失，主要是失水。这是瓜菜贮藏中数量方面的损失。失鲜是质量方面的损失。当蒸腾失去的水分达5%时，就会引起组织萎软，失去新鲜状态。蒸腾脱水还引起“糠心”，细胞间隙内空气增多，组织变成乳白色海绵状，黄瓜、西葫芦等很容易产生这种现象。

南瓜果皮较厚，并有果粉，有较好的保护组织，所以较耐贮藏。南瓜收获后要求充分晾干，使外表干燥成膜质，以降低呼吸，加强休眠，减轻腐烂。但如脱水严重，细胞液浓度增高，引起细胞中毒，也会引起一些水解酶的活性加强，加速一些物质的水解过程，风干的南瓜变甜，原因之一就是脱水引起淀粉水解为糖。

(2) 影响蒸腾作用的因素 瓜菜的蒸腾作用受到许多内外因素的影响。不同的种类和品种，在组织结构和理化、生化特性方面都有差异，所以不同蔬菜的蒸腾作用相差很大。在贮藏期间环境条件对瓜菜的蒸腾作用也有极大影响。

①表面组织结构。气孔是植物蒸腾作用的主要通道，许多因素如水分供应、温度、光和二氧化碳等，影响着气孔的开闭，从而决定着蒸腾作用的强弱。皮孔的蒸腾量很小。不同瓜菜，由于其表面结构不同，蒸腾作用也有很大差别，通常是甜瓜类瓜菜的蒸腾最强（尤其是黄瓜），冬瓜类其次，南瓜类的蒸腾最弱。

②细胞的保水力。细胞中可溶性物质和亲水性胶体的含量，同细胞的保水力有关。原生质较多的亲水性胶体，可溶性物质含量高，可以使细胞具较高的渗透压，因此有利于细胞保水，阻止水分向外渗透到细胞壁及间隙。另外，细胞间隙的大小可影响水分移动的速度，细胞间隙大，水分移动时阻力小，因而移动速度快，有利于细胞失水。

③空气湿度。影响瓜菜采后蒸腾作用的关键性环境因素是空气相对湿度（RH）。相对湿度指的是空气中实际所含的水蒸气量（绝对湿度）与当时温度下空气所含饱和水蒸气量（饱和湿度）之比。

相对湿度表示环境空气干湿的程度，是影响瓜菜蒸腾的重要因素。但它要受温度的影响，温度增高可加速水蒸气分子的运动，减低细胞胶体的黏性，从而促进蒸腾作用。此外空气流速也会改变空气的绝对湿度，从而影响蒸腾作用。值得注意的是，贮藏中对空气湿度的控制，既要密切注意到对瓜菜蒸腾作用的影响，又必须兼顾到微生物活动的影响，因为空气湿度也是制约微生物活动的因素之一（表 2-2）。

表 2-2 各种瓜菜的适宜贮藏条件一览表

瓜菜名称	贮藏温度（℃）	相对湿度（%）
黄瓜	10～13	90～95
丝瓜	8～10	95 以上
冬瓜	10～15	70 左右
节瓜	10～15	70 左右
苦瓜	10～13	85～90
蛇瓜	常温	高湿
越瓜	10～13	95 左右
菜瓜	10～13	95 左右
南瓜	5～10	70 左右
西葫芦	10～15	70 左右
笋瓜	5～10	70 左右
金瓜	10～15	70～75
佛手瓜	10～12	80～90
瓠瓜	8～10	95
甜瓜	2～3	85～90

（二）物质转化与完熟衰老

1. 物质转化 瓜菜收获后物质积累停止，干物质不再增加，已经积累在瓜菜中的各种物质，逐渐消耗于呼吸，有的在酶的催化下经历种种转化、转移、分解和重新组合。在这些化学的、生理的和生物化学的变化中，瓜菜的耐贮性和抗病性也发生相应的改变，总的趋向是不断减弱。如：冬瓜按果实大小分小型冬瓜和大型冬瓜。其中小型冬瓜为早熟或较早熟，以嫩瓜供食；大型冬瓜为中熟或晚熟，以老熟瓜供食。

瓜菜中还有一些物质，在贮藏中有数量上的消长变化，也会影响到品质和耐贮性、抗病性。一般的规律是从幼小到成长，耐贮性和抗病性不断增强；达到一定的成熟程度以后，或是在开始进入衰老阶段以后，两种特性又急速下降。

2. 完熟衰老的调节 迄今已有很多研究资料指出了呼吸的氧化代谢同瓜菜完熟过程之间的联系；同时发现细胞内有许多因素对呼吸、完熟、衰老起着调节作用。下面主要介绍植物激素和钙等细胞内因素对完熟衰老的调节。

植物激素是植物自身产生的一类物质。目前已知的植物激素有五类，即：生长素、赤霉素、细胞分裂素、脱落酸和乙烯。前三类属促进植物生长发育的激素，有防止衰老的作用；后两类属抑制生长发育的激素，有促进衰老和促进休眠的作用。当植物的生长进入成熟期时，生长素、赤霉素和细胞分裂素的含量减少，乙烯和脱落酸的含量增高，因而植物体或器官的生长受到抑制，促进植物体或器官进入成熟衰老阶段。在瓜菜采收后，如果人为地改变植物体内的激素平衡，可以抑制或促进衰老的过程。如降低贮藏环境中乙烯的含量，可使瓜菜衰老延迟，延长贮藏期。又如用生长素、细胞分裂素等处理瓜菜，有防止衰老的作用。

近年来的研究指出，钙在调节植物呼吸和推迟衰老方面，以及在防止瓜菜代谢病害方面，都有着重要的作用。一般钙含量高的呼吸低，含钙量低的呼吸高。呼吸低可使衰老延迟，因而钙具有调节成熟、衰老的作用。缺钙会引起许多瓜菜发生生理病。因此，在瓜菜采前或采后用钙处理，可延迟衰老和防止生理病害。

3. 休眠生理 一些瓜菜在结束田间生长时，繁殖器官内积贮了大量营养物质，原生质内部发生深刻变化，新陈代谢明显降低，生长停止而进入相对静止的状态，这就是休眠。

休眠的长短，因种类、品种、栽培条件和贮藏条件不同而有变化。一般早熟与中早熟种休眠期短，晚熟与中晚熟种休眠期长，对很多休眠器官来说，短日照是诱导休眠的重要因素之一。冷藏是最有效、方便、安全的抑制发芽的措施，对强制休眠效应尤其明显。

休眠对贮藏有利，根据激素平衡调节的原理，可以利用外源提供抑制生长的激素，来改变内源植物激素的平衡，从而延长休眠。

二、瓜菜类采后病害及预防

瓜菜贮藏病害是指瓜菜产品在采后贮藏和运输期间所发生的病害，习惯上也称为瓜菜采后病害。包括产品在采收时健康，而采后感染的病害，以及采收时表面完好，但实际上已被侵染致病，到采后才显示出病症的病害。瓜菜在贮运过程中难免产生病害，并造成损失。

贮藏病害根据致病因素的性质又分为生理性病害和侵染性病害两类，这两类病害都是导致贮运过程中蔬菜变质的重要因素，二者相互影响。瓜菜一旦产生了生理病害后，就会失去对病原的抗性，从而很容易引起侵染性病害并造成腐烂损失。

（一）生理病害及其预防

生理病害是指瓜菜产品在采前或采后受到多种不适宜的理化环境因素的影响，而造成的生理障碍或伤害，如日灼、矿物质微量元素缺乏或过量、机械伤害、冷害、冻害、低氧伤害、二氧化碳伤害等。这类病害只在产品的受害部分发生病变，属非侵染性病害。但往往由于产品的抗病力下降，受到病原微生物侵染而发展为侵染性病害。

1. 低温伤害

(1) 冷害　是指瓜菜商品在冰点以上的不适低温下所造成的伤害。这种伤害多发生在起源于热带的喜温性瓜菜当中。

瓜菜在产生冷害时，其组织不能进行正常的代谢活动，产生了生理活动的失调，从而导致产品表面出现凹陷、水浸状斑点，组织或种子褐变，最终由于抵抗力降低而造成腐烂。

贮藏时应根据不同的成熟度及所要求的贮藏期，控制好贮藏环境的温度条件。如：黄瓜适宜的贮藏温度为10～13℃，低于8℃易受到冷害。受冷害的黄瓜表皮变为深绿色，细胞液外渗，很快感染腐烂（表2-3）。

表2-3　黄瓜冷害与温度、湿度的关系

温度（℃）	相对湿度（%）	萎蔫（%）	凹陷程度
3.9～5.5	50～60	7.69	严重
	79～88	3.75	轻微
	95～100	0.85	无
9.4～10.0	50～55	9.46	轻微
	81～90	3.29	无
	90～100	1.05	无

注：贮藏期7天，冷害症状：脱水、萎蔫、果皮出现凹陷。

(2) 冻害　是指贮藏环境温度长时间处于瓜菜细胞的冰点以下，由于瓜菜组织中的游离水结冰而造成的伤害。产品受冻害后，不仅降低食用价值，而且还会造成严重的腐烂。

为了防止冻害的发生，必须严格掌握贮藏环境的温度，尤其对那些适宜贮藏温度在0℃附近的瓜菜，不能长时间处于冰点以下的温度。对于贮藏库内某一部位，如冷库中靠近蒸发器较近的部位或通风库中距通风口较近的部位等，要注意在产品上适当覆盖，加以防寒。

2. 低氧和高二氧化碳的伤害 这种伤害是在气调贮藏过程中，由于气体比例控制不当所造成的。低氧伤害的主要症状是表皮组织局部凹陷、褐变，贮藏环境中会出现酒精味。如果产品成熟度低，产生低氧伤害后，还会影响正常成熟。高二氧化碳伤害的症状主要表现为表皮及内部组织出现褐斑、褐变或凹陷，严重时还会脱水萎蔫并产生异味。所以，贮藏中要定期检查贮藏环境中的气体成分，并按预定要求严格掌握，以避免此类伤害的发生。测定氧和二氧化碳气体成分的仪器既可以采用化学方法的奥式气体分析仪，也可以采用物理方法的气体分析仪。

（二）侵染性病害及其预防

侵染性病害是指瓜菜产品在采后贮运过程中由于病原微生物侵染而引起病害，最后导致产品腐败与品质下降，因而在贮运过程中往往导致重大损失。病原菌以真菌和细菌为主，也有少量病毒和原生动物等。

引起新鲜瓜菜采后腐烂常见的真菌有青霉属、葡萄孢属、链格孢属、根霉属、镰刀菌属、曲霉属等，这些都是半腐生性真菌。

引起瓜菜采后腐烂的细菌主要是欧氏杆菌属，其次是假单胞杆菌属。这种病害一旦发生，就会相互传染并造成较大的损失。

瓜菜的贮藏库、包装物及空气中存在着大量的病原孢子，瓜菜的表面也附着有大量的病原孢子。但是，病原孢子必须在有营养、水分和适宜的 pH 条件下才能生长。所以，在瓜菜贮藏环境中，虽然有大量的病原菌存在，并不等于瓜菜必然腐烂变质，还主要取决于瓜菜本身的抗病性和贮藏环境、包装用具的卫生状况。

瓜菜的抗病性与自身的成熟度有关：一般情况下，成熟度低。细胞幼嫩，易受病菌侵入，而抗病性与瓜菜的完好程度有关。即是否受到压伤、擦伤等机械伤。因为产品表面的各种创伤，都可能成为病原菌入侵的途径。抗病性还与瓜菜在贮运中受到的冷害、冻害及低氧与高二氧化碳的伤害有关，因为瓜菜产生上述生理病害后，会大大降低抗病性。

为了防止瓜菜在贮运中发生病害，应从以下几个方面进行防治：

1. 严格挑选 瓜菜在入贮前应严把质量关，对已受病虫害、机械伤、成熟度过低或过高的瓜菜都要剔除出去。

2. 尽快降低产品及贮藏环境的温度 由于温度直接影响真菌病原孢子萌发和侵入的速度及能否尽快降低产品的新陈代谢速度，因此瓜菜产品采收后，必须通过预冷尽快降低品温，并置于适宜的低温环境中。

3. 使用化学药剂控制贮藏中的病害

（1）使用化学药剂对库房及包装用具灭菌 采用 0.5% 的次氯酸溶液冲洗筐、箱、架等包装用具，用燃烧硫磺（10 克/米^3）的方法消毒库房。

（2）对产品入库前或入库初期进行灭菌处理 对于瓜菜，可用次氯酸水溶液清洗，但清洗后必须控干。对黄瓜等易受侵染或南瓜等贮藏期较长的产品，在入贮时应进行灭菌处理。由于不同种类的瓜菜仅受相对少的几种真菌或细菌侵染，因此要针对具体病害使用化学药剂。如：引起黄瓜和苦瓜采后腐烂的病害及病原微生物有炭疽病、细菌性软腐、腐霉、根霉等。

三、瓜类蔬菜的贮藏方法

由于瓜类蔬菜的种类不同，其贮藏特性也各有不同。如黄瓜、越瓜、西葫芦等果实皮薄，易失水皱缩，不耐贮藏。贮藏用南瓜是生理成熟的果实，新陈代谢强度已经下降，营养物质积累丰富；果皮较厚，并有果粉，有较好的保护组织，所以较耐贮藏（表2-4）。

表2-4　各种瓜菜的贮藏方法

瓜菜的品种	主要贮藏方法
黄瓜	葫芦科，甜瓜属。缸藏法、窖藏法、地下式小菜窖贮藏法、水井贮藏法、气调法
丝瓜	葫芦科，丝瓜属。散装、筐装
冬瓜	葫芦科，冬瓜属。窖藏法、室内堆藏、架藏法
节瓜	葫芦科，冬瓜属。窖藏法、室内堆藏、架藏法
苦瓜	葫芦科，苦瓜属。冷库、半地下式菜窖、土窖
蛇瓜	葫芦科，栝楼属。散装、筐装
越瓜	葫芦科，甜瓜属。散装、筐装
菜瓜	葫芦科，甜瓜属。散装、筐装
南瓜	葫芦科，南瓜属。堆藏、架藏（耐贮藏）
西葫芦	葫芦科，南瓜属。散装、筐装、冷库、通风库
笋瓜	葫芦科，南瓜属。散装、筐装

（续）

瓜菜的品种	主要贮藏方法
金瓜	葫芦科，南瓜属。堆藏、架藏
佛手瓜	葫芦科，佛手瓜属。埋藏、窖藏、室内堆藏、通风库、贮藏
瓠瓜	葫芦科，葫芦属。通风库、贮藏
甜瓜	葫芦科，甜瓜属。窖藏、冷库、减压、气调

（一）现代贮藏方法

1. 气调贮藏　气调贮藏是改变气体的含量致使空气的成分发生变化的贮藏方法。一般地把降低空气中的氧浓度和适当增高二氧化碳浓度的方法称为气调贮藏，简称CA贮藏。严格地说，CA贮藏对氧和二氧化碳浓度都有一定的指标，并控制在较小的变动范围之内。所谓MA贮藏，即限气贮藏属于气调贮藏的范畴。通常采用的薄膜包装贮藏，氧和二氧化碳浓度变动大，没有一定指标，多用于短期贮藏、运输以及零售时的临时性贮藏。气调贮藏同机械冷藏相结合，就是气调冷藏。其同时控制了温度、湿度、气体成分等

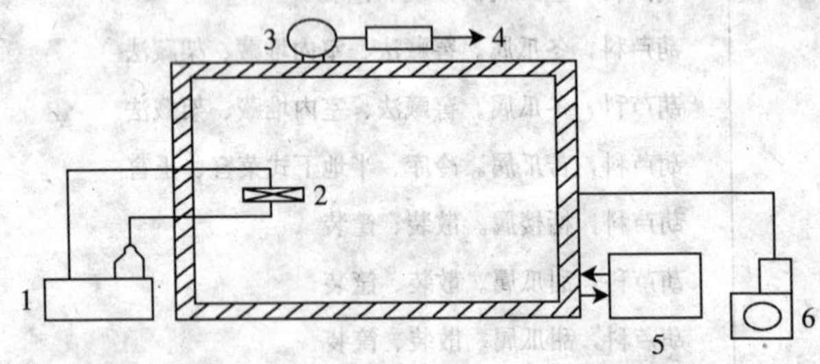

图2-3　普通式气调贮藏示意图

1. 冷冻机　2. 气密冷藏库　3. 调压气阀　4. 开放通气孔　5. 氮气发生器　6. 送风机

各环境因素，贮藏期显著延长，产品品质保持良好，是当代先进的贮藏技术（图 2－3、图 2－4、图 2－5）。

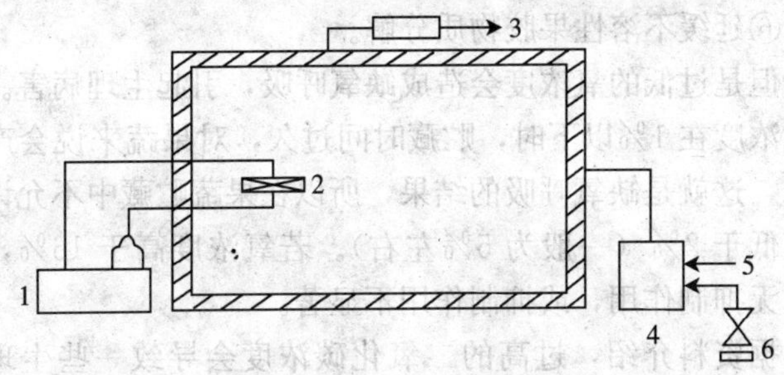

图 2－4　充气式气调贮藏示意图

1. 冷冻机　2. 气密冷藏库　3. 开放通气孔　4. 氮气发生器

5. 空气　6. 气体燃料

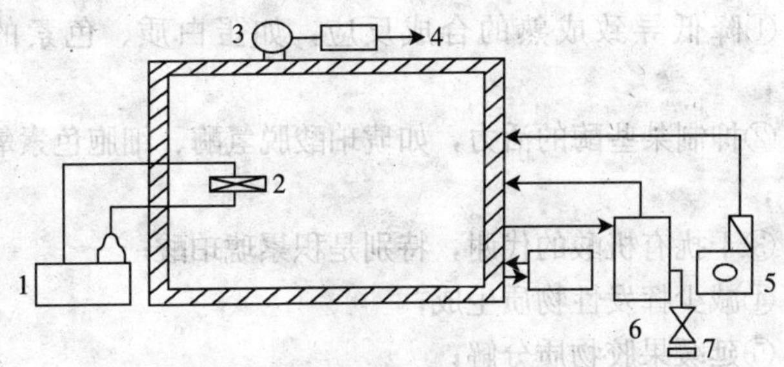

图 2－5　在循环式气调贮藏示意图

1. 冷冻机　2. 气密冷藏库　3. 调压气阀　4. 开放通气孔

5. 送风机　6. 氮气发生器　7. 气体燃料

（1）气调贮藏的理论依据　气调贮藏中低氧浓度具有下列生理作用：

①降低呼吸强度和底物氧化作用；

②延缓后熟，产品的贮藏期因而延长；

③延缓叶绿素分解；

④减少乙烯生成量；

⑤提高维生素C保存率；

⑥延缓不溶性果胶物质分解。

但是过低的氧浓度会造成缺氧呼吸，引起生理病害。如果氧浓度在1%以下时，贮藏时间过久，对果蔬来说会产生酒味，这就是缺氧呼吸的结果，所以在果蔬贮藏中不允许氧浓度低于2%（一般为5%左右）。若氧浓度高于16%，对呼吸无抑制作用，或抑制作用不显著。

据资料介绍，过高的二氧化碳浓度会导致一些生理病害。所以在贮藏中要根据蔬菜的种类，选择适宜的二氧化碳浓度。适宜的二氧化碳浓度对瓜菜贮藏可能产生以下生理效应：

①降低导致成熟的合成反应，如蛋白质、色素的合成等；

②抑制某些酶的活力，如琥珀酸脱氢酶、细胞色素氧化酶等；

③干扰有机酸的代谢，特别是积累琥珀酸；

④减少挥发性物质生成；

⑤延缓果胶物质分解；

⑥抑制叶绿素的降解和蔬菜的褪绿；

⑦改变糖类间的比例。

适量的二氧化碳会抑制有些真菌孢子的萌发生长。但二氧化碳浓度要到20%～50%才有抑制作用。在这样高浓度的二氧化碳中，对一些确能忍受高浓度二氧化碳的瓜菜，也可作短时间高浓度二氧化碳处理，减少运输中的变质损耗。

（2）气调贮藏的方法　气调贮藏可在常温和低温下进行。对气密性好的库房可直接进行贮藏。对气密性差的一般采用塑料大帐进行气调贮藏。将挑选好的菜装在木框里，然后在铺底的薄膜上撒一定量消石灰，再罩上长方形的塑料薄膜罩子，罩子四周边缘与地上铺的薄膜四边紧密折卷在一起用胶条密封，使之不漏气。罩子用 0.2～0.3 毫米厚的聚乙烯塑料薄膜裁制黏合而成，尺寸约为 3.45 米×1.54 米×1.65 米（长×宽×高），在罩子上下两端各装有一个抽气或充气用的袖套，罩子四周分别各装一个采集气样的小孔，每天通过这些孔抽取罩内气体，以检测罩内氧和二氧化碳的浓度。为了防止罩内微生物的生长，可在罩内加入 1～1.5 升氦气。贮藏过程中要注意观察罩子内瓜菜的变化，每天取气测定 1～2 次，以便及时将氧和二氧化碳调到所要求的指标范围内。气调贮藏按照调节气体方法的不同，归纳起来有以下几种：

①自然降氧法。自然降氧法又叫普通气调法，它是利用瓜菜本身的呼吸作用去消耗密闭容器中的氧气，当贮藏环境内的氧含量降到最低限度（2%或 1%）时，往容器内通入空气，以调节氧气。在贮藏初期，瓜菜呼吸强度较高，产生过多的二氧化碳，可用消石灰来吸收。这种方法操作简便，贮藏成本低，但需每天测量调节气体含量。由于密封贮藏后不能立即降低环境中氧的浓度，又由于待贮藏环境中氧含量降低到最低限度后，通过空气补充氧气时难以调到一定的范围，每次调节的氧量差异大，因而不能更有效地抑制瓜菜的呼吸作用，所以贮藏效果比其他气调差。

②快速降氧法。这种方法是将氮气（工业普氮）通入库内或塑料大帐内，使贮藏环境内的氧浓度迅速降低至要求的指标，二氧化碳可用消石灰吸收或用二氧化碳洗涤器来消除，使其含量保持在 5%以下，能较有效地降低被贮藏瓜菜

的呼吸并抑制瓜菜组织内的乙烯合成，延缓衰老，因而这种方法贮藏效果最佳。

③半自然降氧法。实践证明，采用快速降氧法把氧浓度从21%降到10%比较容易，而从10%降到5%就要消耗较多的氮气，大约是前者的2倍。为了节约氮气，降低贮藏成本，可在一开始先充氮气，把氧迅速降到10%左右，然后依靠贮藏瓜菜本身的呼吸消耗氧来降低密闭环境中的氧浓度，直到降至要求的指标。

在瓜菜贮藏中，要根据气体成分的变化，通过人工通入空气或充氮气进行调节控制。此法能节省贮藏中的用氮量，在缺氧情况下较适用。但由于密闭后不能立刻将氧气浓度降低到最适宜的范围，在此期间，被贮瓜菜呼吸较旺盛，体内营养物质的消耗较多，贮藏效果比快速降氧法差。

④二氧化碳贮藏法。在缺少氮气的情况下，依据较高浓度的二氧化碳对植物呼吸有抑制作用以及二氧化碳气体对乙烯的拮抗作用，在瓜菜密闭贮藏初期，将二氧化碳通入密闭的库房或塑料大帐内（先抽出部分空气），使其浓度达到10%～20%，这时氧气浓度略有降低。由于所贮瓜菜的呼吸作用与消石灰吸收二氧化碳的作用，使氧和二氧化碳的浓度同步下降到限度水平，再人工补充空气，以增加氧气浓度，并用消石灰调节二氧化碳浓度。此法也可达到类似半自然降氧法的贮存效果。由于瓜菜种类和品种的不同，对二氧化碳的敏感性不一样，在使用此法时，应通过试验获得二氧化碳的最适浓度及处理时间，否则，被贮菜易发生生理伤害，出现褐斑甚至腐烂。

⑤硅窗自动气调法。硅窗即在塑料薄膜大帐上镀嵌一定比例面积的硅橡胶薄膜，可使塑料大帐内气体自动调节到稳

定的低氧和高二氧化碳的贮藏指标。因为硅橡胶是一种有机硅高分子聚合物，其薄膜具有比聚乙烯、聚氯乙烯薄膜大200倍的透气性能，而且对气体透过有选择性，使氧和二氧化碳可以在膜的两边以不同的速度穿过。

因此，帐内氧气和二氧化碳的浓度可自动维持在一定范围内，从而使帐内瓜菜得以长期贮藏。此法能够省去人工每日调节氧和二氧化碳的工作，能够节省氮气和有关机械设备，是一种“自发理想的气调装置”。硅窗自动气调法不受条件的限制，在一般冷库、简易冷库、常温库等比较稳定的环境内都能使用，而且操作管理技术比较简单，是一种优良的贮藏方法。

(3) 气调贮藏的优点

①推迟瓜菜衰老。瓜菜的后熟和衰老与其本身的生理生化变化有密切关系。许多研究报道，在气调贮藏环境中，通过调节二氧化碳和氧的浓度，会降低呼吸和乙烯产生率，能达到推迟蔬菜后熟和衰老的目的。

②降低瓜菜对乙烯的敏感性。

③减轻或缓和某些生理失调病。降低氧浓度和提高二氧化碳浓度能减轻或缓和某些瓜菜的冷害症状。例如：在5℃贮藏条件下，二氧化碳浓度增加到10%～20%时，能显著地降低黄瓜的冷害症状。

④降低腐烂率。气调贮藏对采收后瓜菜上的病原体有直接或间接的影响。降低氧浓度和提高二氧化碳浓度，加入一氧化碳能控制瓜菜的腐烂。

⑤控制贮藏瓜菜发生虫害。

(4) 气调贮藏的缺点　气调贮藏虽然有许多优点，但它不是万能的，不能适用于所有的瓜菜。有些瓜菜虽然采用气调贮藏有一定效果，但从经济方面分析也不是最为适宜的。另外，由于应用气调时失误，也会产生某些有害的影响：加重生理失调；产生后熟不均；失去风味和香味。

总之，气调贮藏技术的发展，为延长易腐瓜菜的寿命提供了新的方法。这种贮藏方法已在全世界范围内推广应用，在瓜菜贮藏实践中已收到良好的效益。

如：黄瓜的简易气调法为：

（1）垛藏　将黄瓜装筐，盖1～2层纸，码垛，用聚乙烯薄膜（0.03～0.08毫米厚）帐子罩上。利用开关通风口进行气体调节。

（2）筐藏　用0.03毫米厚聚乙烯薄膜衬在筐内，把黄瓜码在筐中，码好后再用薄膜盖严。

（3）袋藏　用0.03毫米聚乙烯薄膜制成小袋，每袋装瓜1～2千克，折口，装筐或上架。

2. 通风库贮藏

（1）通风贮藏库的原理　通风贮藏库是棚窖的发展，其形式和性能与棚窖相似，棚窖是一种临时性的贮藏场所，通风库则是永久性建筑。其造价虽比棚窖高，但贮藏量大，可以长期使用，是目前我国各地瓜菜贮藏的主要设备之一，在各大中城市和工矿区的近郊蔬菜生产区已很普遍。

通风库主要在有良好的隔热保温性能的库房内，设置有较完善而灵活的通风系统，利用昼夜温差，通过导气设备，将库外冷空气导入库内，再将库内热空气、乙烯等不良气体通过排气设备排出库外，从而保持瓜菜较为适宜的贮藏环境。通风库的降温和保温效果都比棚窖大大提高一步。其一旦建成，可常年使用，所以反而比简易贮藏更经济、简便，且为北方发展夏季瓜菜贮藏提供了基本条件。通风库贮藏虽然主要适用于北方地区，但在长江流域乃至更南地区的果蔬贮藏方面也发挥着重要作用。

(2) 通风贮藏库的类型和性能　通风贮藏库可分地上式、半地下式和地下式三种类型。

地上式库体全部在地面上，因此受气温的影响较大；半地下式约有一半的库体在地面以下，库温既受气温影响，又受地温影响；地下式库体全部在地面以下，仅库顶露出地面，库温受地温影响最大，受气温影响最小，保温性能最好。此外，地上式通风库可以把进气口设置在库墙的底部，在库顶设置排气口，两者可以有较大的高差，最有利于空气的自然对流，所以通风降温的效果最好。地下式相反，进出气口的高差最小，空气对流速度最慢，通风降温的效果最差。因此在选择哪一种类型的通风贮藏库时，要根据当地气候（主要是气温、地温）、地理等条件来决定。在温暖地区，应采用地上式，有利于通风降温；在冬季严寒地区，多采用地下式，这有利于防寒保温；在冬季比较温暖地区，则应采用半地下式。

3. 机械冷库贮藏　温度是瓜菜贮藏中最重要的环境因素，用什么手段获得所需要的低温，是瓜菜贮藏事业发展的关键。在发明机械制冷以前，人们主要是利用自然的低温(冬季的低气温和冰雪融化致冷)，但这种方法严格地受着地区和季节的限制，所以长时期贮藏技术发展缓慢。

我国的机械冷藏工业基础薄弱，新中国成立前没有自己的冷藏机制造业，一些大城市也只有少数机械冷藏库，主要用以贮藏肉类，果品冷藏库为数极少，瓜菜冷藏根本谈不上。近 10 年来，瓜菜冷藏日益受到重视，各省市兴建了一批大规模的瓜菜专用冷库，不少城市和地区在原有的通风贮藏库中安装了制冷系统，改建成过渡式冷藏库，在生产上发挥了作用。我国的现代化瓜菜冷藏事业已有了较大的发展。

机械冷藏是在一个专门设计的绝缘建筑中，利用机械制冷系统的作用，将库内的热传递到库外，使库内的温度降低并保持在有利于延长瓜菜的贮藏寿命的温度范围内。机械冷藏的优点是不受外界环境条件的影响，可以终年维持冷藏库内所需要的低温，冷库内的温度、相对湿度以及空气的流通都可以控制调节，以适于产品的贮藏。但是机械冷藏库是一种永久性的建筑，费用高，因此在修建之前对地址的选择，库房的设计，制冷系统的选择和安装，库房的容量等都应仔细考虑（表 2-5）。

表 2-5 商业机械冷藏库的规模分类

规模分类	冷藏容量（吨）
大型机械冷藏库	>10 000
大中型机械冷藏库	5 000～10 000
中小型机械冷藏库	1 000～5 000
小型机械冷藏库	<1 000

（二）传统贮藏方法

1. 堆藏 堆藏是设置在菜园或空地上的临时性贮藏方法。由于秋冬气温下降，瓜菜的贮藏温度受气温影响容易下降，此时可把瓜菜堆集在地面，降温后，根据不同地区特点，采取一系列措施来保持瓜菜适宜的贮藏温度，如根据气温变化，分次加厚覆盖层，以进行遮阴或防寒保温。所用覆盖物多就地取材，常用覆盖材料有苇席、草帘、作物秸秆、土等（图 2-6）。

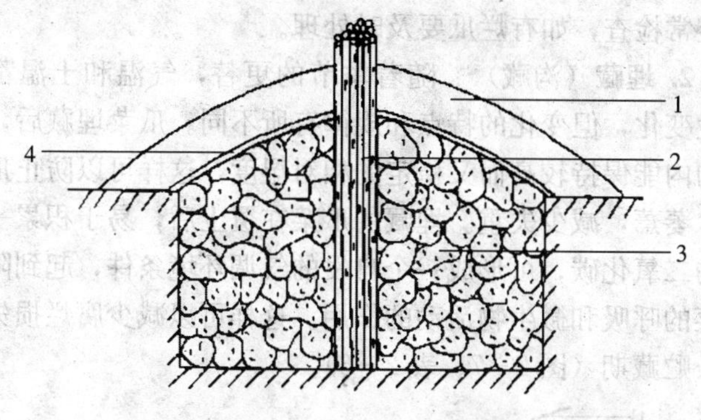

图 2-6　堆藏示意图

1. 覆土　2. 向日葵柄　3. 瓜菜　4. 秸秆覆盖物

贮藏堆的宽度和高度应根据当地气候特点、瓜菜种类来决定。一般堆宽 1.5～2.0 米，高 0.5～1.0 米。台宽度过大，就会造成通风散热不良，中部菜窖易受热而腐烂；而堆码过高，菜垛易倒塌，会造成大量机械损伤，为防倒塌，一般菜堆都码成梯形。覆盖的时间和厚度应根据气候变化情况而定。一般在堆藏初期气温较高，为防日晒，应在白天盖席遮阴，夜间揭席通风；秋季风较大、用席覆盖后还有保温和防雨淋的作用，以后随气温逐渐降低，再分次加厚覆盖物，以防寒保温。

堆藏按照地点的不同，可分为室外堆藏、库内堆藏和地下室堆藏等。

冬瓜堆藏与南瓜基本相同。在库房地上垫草，瓜堆在草上，按照瓜生长在田间的状态码放。卧放可以 3 个瓜堆成品字形，一组最多 5 个瓜，因瓜自身重，不宜堆得太高，以减少相互挤压损伤。这种贮藏方式，要求环境温度不超过 30℃，瓜无机械损伤，一般可贮藏 4 个月左右。在贮藏期间要经常检查，如有烂瓜要及时处理。

2. 埋藏（沟藏）　随着季节的更替，气温和土温都在发生变化，但变化的特点和规律有所不同。瓜菜埋藏后，埋藏沟内能保持较高而又稳定的相对湿度，这样可以防止瓜菜失水萎蔫，减少失重。埋藏的瓜菜在覆土后，易于积累一定量的二氧化碳，可形成一个自发的气调环境条件，起到降低瓜菜的呼吸和微生物活动的作用。这样可以减少腐烂损失并延长贮藏期（图 2-7、表 2-6）。

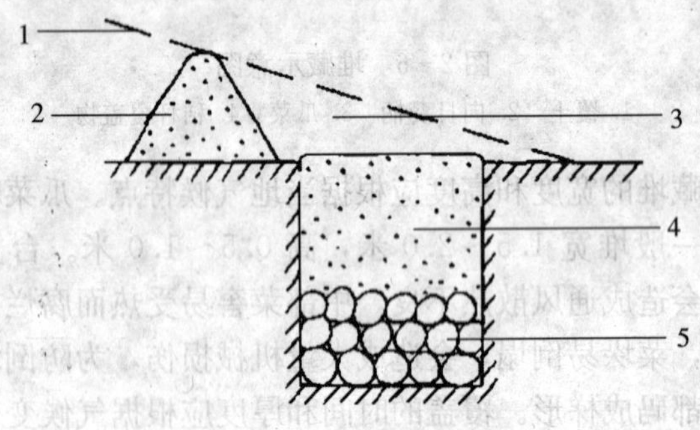

图 2-7　沟藏示意图

1. 光线　2. 土堆　3. 遮阴　4. 覆土　5. 瓜菜

表 2-6　瓜菜常见的埋藏方法

堆积法	即将菜散于沟内，再用土（或沙）覆盖
层积法	即堆放一层瓜菜，撒一层沙，层积到一定高度后，再用土（或沙）覆盖
混沙埋藏	将蔬菜与沙混置后，堆放于沟内，再进行覆盖
沟藏	将瓜菜装入筐后入沟埋藏

3. 窖藏　窖藏在北方较普遍，南方也有使用，如浙江的姜窖、江苏的甘薯窖，山西、陕西、河南等地还有窑洞及

四川南充等地的井窖。这些窖多是根据当地自然、地理条件的特点建造的。它既能利用稳定的土温，又可以利用简单的通风设备来调节和控制窖内的温度。瓜菜可以随时入窖或出窖，并能及时检查贮藏情况。

秋冬气温下降后，由于土壤导热系数小，降温较慢，越是土深，降温越慢，温度较恒定。采用一定土深，能够保温、保湿，以恒定贮藏温度。窖深随各地的气温和瓜菜的种类而定，一般来说，北方较深，南方较浅。

根据入土深浅可分为地下式和半地下式两种。在比较温暖或地下水位较低的地区，多采用半地下式窖；在比较寒冷的地区多采用地下式窖。如黄瓜窖藏方法为：

（1）挖洞窖藏　在背阴处挖 2 米宽、1.5～2 米深的沟，长度依贮量而定，顶口要有盖，中间留出入口（窖口），一端放一个通风用瓦管。窖底和四壁铺设光洁的秸秆，以防刺伤黄瓜。然后便可将黄瓜放入窖内，同时要盖严窖口。入窖后要勤检查，发现变质瓜要及时挑出，以防病菌传染。

（2）地下式小菜窖贮藏　在窖内搭架子，将黄瓜码在架子上，瓜的上、下均用塑料薄膜铺盖保温。也可将黄瓜装箱，码垛贮藏。如果有条件还可将黄瓜 3～5 条装入塑料袋内，采用松扎口或折口方法贮藏，效果更好。

（3）水井贮藏　选一适宜的水井，在距水面 33 厘米处安一个结实的井字架，将黄瓜间隔地码在木架上，码完一层铺一层秸秆、相邻的两层瓜码的方向要错开，一直码至距井口 30 厘米左右为止。天气不太冷时，井口盖木盖；立冬后天气转冷，井盖要加稻壳或碎棉花等防寒。

（4）人防贮藏洞　人防贮藏洞虽然形式各不相同，规模大小不一，但都是全地下式结构，在隔热保湿方面有着优越条件，温、湿度较为稳定，贮藏量一般都较大。为保持贮藏洞的低温，一般贮藏洞地面用倾斜式，地面高于主巷道地面。贮藏洞的通风，除在主巷道两端加设排风扇外，还通过通风道连接每个侧洞，便于空气循环。

目前各地人防工程如要改建成贮藏洞，关键是要解决人防工程通风效果差的问题，这是能否搞好贮藏的关键，一般可采用增设通风、排气设施来解决。

（三）其他贮藏技术

机械冷藏、气调贮藏是当代已普遍应用的蔬菜现代化贮藏技术。随着瓜菜贮藏技术的不断创新，近年来又出现一些新的技术措施，如减压贮藏、辐射处理、化学处理、电磁处理等。

1. 减压贮藏原理 减压贮藏的原理是，降低气压，使空气中的各种气体组分的浓度都相应地降低。例如：气压降至正常的1/10，空气中的各种气体组分如氧、二氧化碳等的浓度也都降至原来的1/10，这时空气各组分的相对比例并未改变，但它们的绝对含量则降为原来的1/10，此时氧浓度仅为2.1%。所以减压贮藏也能创造一个低氧浓度的条件，从而可起到类似气调贮藏的作用。

减压处理能促使植物组织内气体成分向外扩散，这是减压贮藏更重要的作用。植物组织内气体向外扩散的速度，与该气体在组织内外的分压差及其扩散系数成正比；扩散系数又与外部的压力成反比，所以减压处理能够大大加速组织内乙烯向外扩散，减少内部乙烯的含量。

2. 辐射处理 辐射能调节呼吸和后熟，对跃变型果实经适当剂量电离辐射后，一般都表现出后熟被抑制，呼吸跃变后延，叶绿素分解减慢。在丝瓜、苦瓜、黄瓜等都有这种表现。

3. 电磁处理 从分子生物学的角度看，瓜菜也是一种生物蓄电池。在离开生长环境后发生的一系列生理生化变化，就是电荷不断积累和工作的过程。在贮藏中，要减少和避免有机物质的消耗，就必须减少或终止这种电荷积累和工作的过程。使用高压静电处理、电磁场处理、高频电磁波处理、离子空气处理、臭氧处理等，中和瓜菜上的电荷，以减缓和停止其生理变化，造成一种类似的假死现象，即可达到长期贮藏和保鲜的目的。

4. 化学处理 在瓜菜贮藏中经常用一些化学药剂，有的药剂在贮藏中只起辅助作用，有的则起主导作用。目前在瓜菜贮藏中使用较多的化学药物大体可分为三类：一是消毒灭菌剂；二是生长抑制剂；三是保鲜剂。使用化学药剂贮藏瓜菜的针对性很强，首先要明确需要解决的问题，然后针对问题的性质选择使用药剂的种类和剂量。由于多数化学药剂对生物有害，所以使用药剂时，必须了解化学药剂的性质、用途、卫生标准以及使用不当会出现的危害与解救办法。

第三章 黄　瓜

一、概述

黄瓜，又名青瓜、王瓜、刺瓜、胡瓜和吊瓜等，为葫芦科一年生草本植物，其果实可食，性凉味甘。黄瓜原产喜马拉雅山南麓的印度，从西域引入，故称胡瓜，因古代赵王避讳胡字，所以改称黄瓜，目前在全国各地均有栽培，是大棚蔬菜的主要品种之一，可以常年供应市场。

黄瓜按外形划分，可分为刺黄瓜、鞭黄瓜和秋黄瓜三类，幼嫩时青绿色或白色，成熟后为青色和黄白色；短胖者为旱黄瓜，细长者为水黄瓜。黄瓜以鲜嫩，色青，身条细直，条头均匀，无弯沟，无畸形，无折断，无苦味为优。

黄瓜富含蛋白质、矿物质及尼克酸等营养素。其蛋白质中含有精氨酸等必需氨基酸，对肝脏病人的康复很有益处。黄瓜所含的丙醇二酸，有抑制糖类物质在机体内转化为脂肪的作用，因而肥胖症、高血脂症、高血压、冠心病患者，应常吃黄瓜，既可减肥，降血脂、降血压，又可使体形健美，身体康复。黄瓜汁富含水溶性维生素及其他成分，有美容皮肤的作用，还可防止皮肤色素的沉积。黄瓜顶部的苦味中富含葫芦素 C 的成分，具有加速血液新陈代谢，排泄体内多余盐分的作用，故肾炎、膀胱炎患者生食黄瓜，对机体康复有良好的效果。

中医理论认为，黄瓜具有清热解毒、利水消肿、生津止渴、除湿降压、减肥抗癌等功效，对治疗热病烦渴、咽喉肿痛、小便不利、目赤、热病吐泻、灼伤等病具有较好作用。但黄瓜性凉，慢性支气管炎、结肠炎、胃溃疡病等属虚寒者宜少食妥当。

二、采收

适时采收。同一品种不同采收期贮藏试验表明：耐藏性未熟期采收（授粉后 8 天）＞适熟期（授粉后 11 天）＞过熟期（授粉后 14 天），幼嫩瓜贮藏效果最佳，成熟度高的易衰老变黄，失去商品性。贮藏用的黄瓜应该比立即上市的稍嫩一些采摘，但过嫩时，含水量高，可溶性固形物少，也不耐贮藏，容易腐烂。应选择成熟度适中，丰满健康的绿色瓜条贮藏。秋季用作贮藏的黄瓜，播种期应该比一般秋黄瓜晚一些，这样，采收时气温较低，便于利用自然低温进行贮藏。但是采收也不能过晚，否则气温过低，会使黄瓜受冷害，受冷害的黄瓜不耐贮藏，易腐烂变质。采摘时要求瓜条碧绿，顶花带刺，生长在植株中部的“腰瓜”，瓜条直、品质好、耐贮藏，而生长在植株下部、接近地面的“根瓜”，瓜身常弯曲，瓜条与地面接触，易带病菌，不能用于贮藏。瓜秧顶部的黄瓜，品质也不好，不宜作贮藏。采前 1～2 天不宜灌水，采摘宜在清晨进行，最好用剪刀将瓜带柄剪下。

三、贮藏

（一）品种选择

表皮较厚、果肉丰满、固形物含量高的品种较耐贮藏；晚熟品种比早熟品种耐贮藏；由于黄瓜表皮刺多时，易于碰伤或碰掉，伤口易造成感染，因此，刺少的品种较耐贮藏。研究表明，较耐藏的品种主要有津研1号、2号、4号、7号，白涛冬黄瓜，漳州早黄瓜。北京小刺瓜细小，皮薄，刺多，不易贮藏。除了耐藏性外，贮藏时选择品种还应兼顾质量、风味和维生素含量。

（二）贮藏指标

1. 温度、湿度 黄瓜对冷害敏感，10℃以下2天就会受冷害，症状为初期瓜面出现大小不同的凹陷斑，或水渍状斑点，以后逐渐扩大并染病腐烂；＞13℃则腐烂、黄化严重。黄瓜很容易失水，相对湿度＜95％则很快失水变软。冷害与温度、湿度关系如表3-1。

表3-1 黄瓜的低温冷害与贮藏温、湿度的关系

温度（℃）	相对湿度（％）	萎蔫（％）	凹斑程度	温度（℃）	相对湿度（％）	萎蔫（％）	凹斑程度
3.9～5.5	50～60	7.69	严重	9.4～10.0	50～55	9.46	轻微
	79～88	3.75	轻微		81～90	3.29	无
	95～100	0.85	无		90～100	1.05	无

注：贮藏期为7天。

2. 气体 黄瓜对乙烯极为敏感，贮藏环境中1毫克/升的乙烯即有较强的催老、黄化作用。据报道，气调贮藏中的低氧和高二氧化碳促使冷害加重，因此，气调贮藏中，温度应比普通冷藏提高0.5～1℃。O_2 2％～5％，CO_2 2％～5％有利于黄瓜的贮藏。打蜡或膜包装有利于减少萎蔫。

（三）贮藏病害和防治

1. 黄瓜炭疽病 初期为水渍状小斑点，后病斑扩大呈圆形或椭圆形，凹陷呈褐色，一般属田间带病潜伏，贮藏期间发病。其防治方法是：贮藏的果实，必须严格挑选，带病的果实不能入窖。贮藏前，可用超微多菌灵可湿性粉剂 1 000～1 200 倍液，喷雾或浸蘸，防病效果显著。在贮藏期间，将温度控制在 10～15℃之间，抑制炭疽病菌的蔓延与危害。

2. 黄瓜灰霉病 多从开败的花中侵入，使花和瓜顶部腐烂，进而向下侵入瓜条，使组织变黄变软并产生白霉，以后霉层变成灰色。主要防治方法：在采摘前，用1∶0.7∶200的波尔多液或 0.1％多菌灵喷洒有一定的防治效果。

3. 冷害 黄瓜对低温极度敏感，在 10℃ 条件下就可能发生冷害，症状是在瓜面上出现大小不同的凹陷斑或水浸状斑点，以后扩大并受病菌感染而腐烂。

(四) 贮藏方法

1. 缸藏方法 缸藏黄瓜要采用晚秋品种。一般在接近霜降前后采收。将缸洗净，用 0.5％～1％漂白粉溶液消毒，盛上 10～20 厘米深的清水，在离水面高 7 厘米处，放一木制的井字形木架，架上再放秫秸编成的圆篦。将黄瓜沿着缸壁转圈平放，果柄朝外，头向里，至离缸口 10～12 厘米时止，有利于缸内热量的传递。也可将黄瓜纵横交错逐层积起排列，直近缸口为止。还可将黄瓜每摆若干层后，用隔板隔开，以减小瓜的各层间的压力，黄瓜入缸后立即用牛皮纸封严或盖以麻袋并加盖石板即可。缸要放在阴凉或背阴处，天气转冷后，为防缸内水结冰，应将缸埋入地下一半，天气再冷，缸的四周用草袋围上或埋土，保持温度不低于 10℃。此方法可贮藏 2 个月以上。

2. 地窖贮藏法 挖长 6.5 米、宽 2 米、深 1.5～2 米的地窖，窖帮、窖底和四壁铺上脱叶的秫秸，然后码放黄瓜，一般不高过 0.7 米。随时注意检查，剔除腐烂果。此法可贮藏 30～50 天。

3. 水窖贮藏法 水窖贮藏法在地下水位较高的地方，东西向挖深约 2 米、宽约 1 米、长 6～10 米的窖。窖底有一定坡度，底端挖一深井，以防积水太深。坑的四周用土筑成厚约 0.6～1 米、高约 0.5 米的土墙。窖墙上架设木檩，其上铺 25～30 厘米厚的苇席，并覆土厚 19 厘米，构成棚顶，棚顶开设 0.5～0.7 $米^2$ 的天窗通风。窖内高约 1.7 米，水深约 0.5 米，在贮藏架上铺一层苇席，四周再围以草席，以免黄瓜与壁接触，然后用草秆纵横隔成 3～4 厘米见方的格子，将黄瓜柄朝下插入格中，以免黄瓜之间擦伤。摆好后用湿席盖在上面，入窖初期白天关闭门和通风口，夜间通风降温，5～7 天检查 1 次，及时挑出萎蔫黄瓜，室温大多在 5～10℃之间。

4. 气调贮藏法 把黄瓜用筐装好后，在库里码成垛，每垛 40 筐，每筐 20～25 千克，垛底部放石灰吸收二氧化碳，用塑料帐将垛密封，库温降至 12～13℃，帐内氧气用充氧机调到 5%，贮藏期间每天都要测定帐内的氧气和二氧化碳含量，调节二氧化碳最高不超过 5%，氧气不低于 2%。用泡沫砖块或蛭石，放在饱和高锰酸钾水溶液中浸透，待阴干之后用于吸收乙烯，每 10 千克黄瓜用高锰酸钾泡沫砖 0.5 千克，吸收剂分放在上层空间，分几处放置，帐内湿度保持在 85%以上。为了防腐，贮前可在黄瓜上喷洒多菌灵 500 倍液，贮藏期间每隔 2 天向帐内注入适量氯气，按帐内容积充入 133 毫升/$米^3$ 氯气。如果将装好黄瓜的筐子放到地窖或窑洞内贮藏，则效果更好。采用此法可贮藏 30 天左右。

5. 沙藏法 果实采收的方法同缸藏法。将黄瓜备好后，对贮藏瓜用的细沙去除泥土，放入锅中焙炒干。贮瓜时，将沙喷上清水，先在缸底铺上一层，然后放一层黄瓜，再铺上一层沙，放一层黄瓜，循环下去，共铺 7 层瓜。铺好之后，将缸置于室内存放，只要温度适宜，一般可贮存 20～30 天。

6. 筐贮法 采前将筐及草袋清洗干净并消毒，再将草袋浸湿铺在筐底及四周，入筐时黄瓜柄朝里，头朝筐壁，层层码至离筐口 3～5 厘米为止，筐面上用消过毒的湿麻袋盖上，湿度以不滴水为宜。贮存期间，每隔 5～7 天检查 1 次，及时挑出萎蔫瓜条以防腐烂。

7. 涂膜保鲜法 采用一定量的蔗糖脂肪酸酯，加入定量的水，加热至 60℃搅拌溶解，并缓慢加入一定量的海藻酸钠，继续搅拌至充分溶解，冷却至室温备用。将黄瓜浸到涂膜液中，浸渍 30 秒后取出黄瓜自然风干，用塑料袋包装至室温下贮藏，此法可贮 10 天以上。

8. 白菜包埋贮藏 将大白菜心叶摘去，把成熟适中的黄瓜埋放在大白菜心叶的位置，用外叶覆盖封严，放入白菜窖中和白菜同窖贮藏。这种贮藏方法，能很好地保持黄瓜的水分、色泽和品味，是一种较好的家庭贮藏方法但不适于大量贮藏。

9. 塑料袋装藏法 小型塑料食品袋，每袋 1～1.5 千克，松扎袋口，放入室内冷凉处，夏季可贮藏 4 天，秋冬季室内温度较低可贮藏 5～8 天。

10. 盐水保鲜法 在水池里放入食盐水，将黄瓜浸泡其中。3～5 天换 1 次水，此法 18～25℃的常温下可保存 20 天。

四、加工

(一) 北京甜酱黄瓜

1. 工艺流程

选料→卤盐→腌制→撤咸→卤酱→控汤→酱制→成品

2. 操作要点

（1）选料　黄瓜分秋黄瓜和伏黄瓜两种，以秋黄瓜为好。每年处暑开始进原料，到白露收齐，进厂后需进行挑选分类，需选条直、长短一致、粗细均匀、长度在 15 厘米左右、每千克重 10～14 条的黄瓜，并要求颜色翠绿、顶花带刺。

（2）卤盐　经过挑选的黄瓜用清水洗净后，每 50 千克黄瓜下盐 7.5 千克，一层黄瓜一层盐放入缸内，然后加入咸汤少许，每天倒缸 2 次。开始倒缸时要用手抄着倒，避免黄瓜折断，并要控汤散热，促使盐粒全部溶化。黄瓜入缸卤盐 48 小时即可出缸腌制。

（3）腌制　将卤过的黄瓜捞出，每 50 千克黄瓜下盐 10 千克，一层黄瓜一层盐，不用倒缸直接封缸灌满汤，贮存备用。黄瓜经腌制后，每千克出品率约为 85%。黄瓜在腌制时要避免阳光照射，否则黄瓜会由绿色变成黄色，影响制品质量。

（4）撤咸　酱制前先将黄瓜入缸撤咸，冬季换 3 次水，夏季换 2 次水即可。换水时要轻捞轻放，以免瓜体折断。撤咸后将黄瓜捞出，控净余水，入缸卤酱。

（5）卤酱　将腌黄瓜用二酱卤酱 2～3 天，每天打耙3～4 次，再用甜面酱酱制。如在夏季酱制，换酱时要用清水把二酱冲洗干净，以免成品发缸。

(6) 酱制　每50千克卤酱黄瓜冬季只用甜面酱37.5千克即可，夏季改用甜面酱22.5千克，另加黄酱10千克混合使用。每天打耙4次。冬季酱制20天左右，夏季10天左右即为成品。

3. 产品特点　颜色黑亮，酱味浓厚，味道香甜，质地脆嫩。

(二) 酸黄瓜

1. 工艺流程

原料→挑选→穿孔→浸泡→粗制→精制→包装

2. 操作要点

(1) 原料　作为酸黄瓜的原料，应选择形直、带花、完整的小黄瓜，采摘后立即加工。

(2) 挑选　除去过长、过大的、形状弯曲的、破损的、有烂点的黄瓜。

(3) 穿孔　在进行腌制之前必须先用针在黄瓜上穿孔，穿孔后食盐水可渗透到黄瓜内部，容易沉入缸底。黄瓜的穿孔方法，一般用钉着钉子的木板，使3根黄瓜同时穿孔，可使每根黄瓜上有5～6个孔。

(4) 浸泡　将穿孔后的黄瓜轻轻浸泡入亚硫酸钠和氯化钙的溶液中。100千克的溶液中可浸泡100～150千克的黄瓜。此溶液可反复使用3次。第二次浸泡时追加半份新的溶液，3次使用后溶液会出现臭气，就该停止使用。

(5) 粗制　将工具和物料（黄沙、油纸、牛皮纸、勺子、木桶、橡胶管等），预先杀菌。将香草和芹菜切成3厘米长的段子，辣根切成薄片，装入坛中，再加入肉桂粉末。在约60千克的水中加入食盐6千克和安息香酸钠50克，煮沸备用。此汤可供100千克黄瓜之用。将黄瓜在坛底铺上一层，在它的上面盖上混合后的香料，如此交替反复将坛装满。装满后注入调制好的盐汤，然后用油纸和牛皮纸各一张，扎住坛口，外面再用石膏和黄沙调和后密封。春季至初夏约需发酵20天，冬季则需要1个月。在此工艺中必须注意：盐汤必须是煮沸的热汤，生水或冷水均不适用；密封必须在开始装坛后2小时内完成，越快越好；坛口必须仔细密封，防止外界气体侵入；密封后必须充分发酵，不能中途开封。

（6）精制　将机器和工具，预先杀菌。调味液中使用的辅助原料及其配合量与粗制工艺中相同。将混合后的辅助原料装入布袋中，再将布袋置入放满水的锅中，加热30分钟。将加热的煮汁用四层纱布过滤后调制成调味液。在此调味液中加入液量10%的苹果醋或梅醋备用。

将装有粗制工艺中制成的酸黄瓜的坛开封，利用坛中积存的发酵液将酸黄瓜洗净，同时用竹筷小心地把一个一个酸黄瓜排入玻璃瓶中。然后注入调制好的精加工用调味液，500克容量的瓶中装入400克小黄瓜和100毫升调味液，然后加盖密封。

3. 质量标准　色绿、辣味、酸味平衡、脆嫩，具有发酵制品特有的香味，无腐败臭。

（三）糖醋黄瓜

1. 工艺流程

原料→腌制→脱盐→糖醋香液的配制→糖醋香液的腌制

2. 操作要点

（1）选料　选择肉嫩短小、肉质坚实的黄瓜为原料，充分洗涤后待用。

（2）腌制　先将黄瓜用等量的8%的盐水浸泡于菜坛

内，第二天按照坛内黄瓜和盐水的总重量加入4%的食盐，第四日起每日加入1%的食盐，直到盐水浓度保持在15%为止，任其自然发酵两周。

(3) 脱盐　发酵完毕，取出黄瓜，将沸水冷却到80℃浸泡黄瓜（用量与黄瓜重量相等），维持水温65～70℃约15分钟，使黄瓜内部的绝大部分食盐脱去，再用冷水浸泡30分钟，然后沥干待用。

(4) 糖醋香液的配制　用冰醋酸配制2.50%～3%的醋酸溶液2 000毫升。取丁香1克、豆蔻粉1克、生姜4克、月桂叶1克、桂皮1克、白胡椒粉2克，碾细用布包裹，置于醋酸溶液中加热到80～82℃。维持1小时后，将香料袋取出，随即趁热加入400～500克蔗糖，待凉后再过滤一次。

(5) 糖醋香液腌制　将黄瓜置于糖醋香液中浸泡，约半个月后，即为成品。

3. 产品特点　酸甜适度、又嫩又脆、清爽可口。

(四) 扬州乳黄瓜

1. 工艺流程

原料→前处理→初腌→复腌→咸瓜处理→装袋、初酱→复酱

2. 操作要点

(1) 原料采收　嫩黄瓜（又名乳黄瓜）每年6月份开始采收，采收期50～60天左右，其中以梅雨季节采摘的黄瓜质量最好。鲜乳瓜每日清晨采摘，鲜瓜的品种以线形瓜品种最好，线瓜长度横径均匀，均条细瘦。

(2) 原料处理　鲜瓜采收后，应及时分级腌制加工，不得受阳光暴晒，否则会影响腌渍的品质。采收后，摘去瓜花后，分成5种类型：大黄瓜，每500克规格条数9～13条；

中大黄瓜，每500克规格条数14～18条；中黄瓜，每500克规格条数18～21条；毛小黄瓜，每500克规格条数22～25条；乳嫩黄瓜，每500克规格条数26～30条。

（3）初腌　将处理后的鲜乳瓜倒入缸内，每100千克瓜加5%～10%淡盐水2千克，食盐10千克，分层满面撒盐，每层瓜约50千克，逐层撒盐腌制。撒盐是个细致工序，要求盐量逐层慢加，使所有瓜身能粘满盐粒（因腌瓜时面临夏季高温，初腌鲜瓜易于变质），盐渍后，每隔6～7小时连卤上下翻缸一次，翻瓜3次后，要求条条腌透。约腌制30小时后，取出装入竹箩（篮）堆叠互调后，压卤约压6～7小时，再上下互调，以便瓜中卤汁及可溶性成分排出。

（4）取卤后的咸瓜　每100千克再用盐10千克，进行复腌，加盐要层层叠瓜，层层撒盐，加盐后隔日（约12小时）再翻瓜一次，调缸后，将咸瓜层层踩紧，用篾片、蓑衣将封口卡紧，缸面按每100千克咸瓜加封缸盐2千克，最后以澄清原卤或预配成饱和盐水，漫头贮藏。宜存于室内或阴暗的场所。可保持咸坯的脆度和色泽。

（5）咸瓜处理　取贮藏的咸乳黄瓜，装箩淋卤后，散装倒入缸内，加白水漂去多余的盐分。加水量夏、秋季每100千克咸瓜用水100～105千克，春、冬季用水100～110千克，浸泡时间为2～3小时，并间歇搅拌，漂水后装箩浸卤，箩与箩相互重叠，约隔5～6小时，至表面的水分除去为止，浸卤期间约隔2～2.5小时将上下竹箩调一次，使淡卤排出均匀。

（6）装袋、初酱　将浸卤后的咸瓜揉软，装入酱菜袋中（装袋2/3容量）扎紧袋口后投入二酱内，漫头酱2～3天，每天早晨翻动一次。酱菜经初酱后，把酱袋取出淋卤，一般约淋4～5小时，至不淋卤为止。淋卤时，酱袋宜用卤席等物盖好，以防日晒雨淋。

(7) 复酱　装袋后，把原袋酱菜再投入到定量的（按乳黄瓜重量的90%～100%左右的量）新稀甜酱内，仍按初酱的工序，继续酱制7～14天（结合气温适当延长或缩短）每日早晨仍需翻动酱袋一次，酱后即为成品，可以直接销售或装罐。

3. 产品特点　皮色鲜绿，瓜形粗细均匀，肉质厚而致密，子囊少，无棱刺，无大肚，无尖嘴等不良形状。是扬州传统酱菜优良品种之一。

(五) 黄瓜清汁

1. 工艺流程

原料→挑选→清洗→破碎→压榨→澄清→离心→过滤→调配→灭菌→灌装→检验→产品

2. 制作要点

(1) 选料　挑选无病害、无霉烂的黄瓜。

(2) 清洗　先以0.5 %～1%的盐酸溶液浸泡，然后用清水冲净，以清除黄瓜表面上大部分药残留物及微生物等。

(3) 破碎、压榨　将黄瓜破碎成2～3毫米碎块后，以裹包式榨汁机取汁。

(4) 澄清、净化　按黄瓜比例加入0.02 %明胶、0.01%单宁，搅匀后静置。

(5) 离心、过滤　以自动排渣碟式离心机去除沉淀物，再以硅藻土过滤机进行精滤。

(6) 灭菌　采用超高温瞬时灭菌，温度145℃，时间30秒，冷却后无菌灌装。

3. 产品特点　澄清透明、色泽淡绿、清爽可口。

(六) 黄瓜珍珠汁

1. 工艺流程

珍珠清洗→灭菌
↓
选料→浸渍→灭菌→沥干→打浆、磨浆→调配→均质→脱气→杀菌→冷却→入库检验→成品

2. 操作要点

(1) 选料　黄瓜最好选用大棚培育的产品，大小长短较一致，无机械损伤、无腐烂、无污染、无黑斑的品种。

(2) 浸渍、整理和清洗　将黄瓜入水浸渍，恢复嫩脆，采用逆流法流水清洗干净。

(3) 原料表面杀菌　黄瓜采用高锰酸钾、双氧水或漂白粉水去除黄瓜外皮可能附着的虫卵和微生物。对珍珠的消毒一般采用2%～3%的双氧水浸2分钟左右，然后用清水冲洗干净。

(4) 打浆、磨浆　黄瓜打浆两次，磨浆通过两次胶体磨，要求黄瓜颗粒达到2微米以下。珍珠采用3～4次胶体磨，要求颗粒达1微米以下。磨浆时温度不高于40℃。

(5) 调配　在常温下，向黄瓜浆汁中加入食用品质改良剂和珍珠浆。

(6) 均质　采用两次均质。均质压力分别为25.0兆帕和8.0兆帕。

(7) 脱气　真空脱气温度为40℃，时间20分钟左右，真空度为0.08～0.09兆帕。

(8) 杀菌　108℃杀菌10分钟。

(9) 冷却、入库检验　37℃在库中一周，经检验合格，即打印包装，合格出厂。

3. 产品特点　本品为微绿色或乳白色悬浊液，具有黄瓜特

有清香味，可消暑止渴提神，并具有润肤美容和减肥的功效。

（七）黄瓜果脯

1. 工艺流程

选料→去瓤→浸瓜→糖渍→烘干

2. 操作要点

（1）选料　选幼嫩、横径为3.5厘米以上的青色黄瓜为原料，可加工成风格独特的蜜饯黄瓜。

（2）去瓤　黄瓜洗净后横切成长4厘米的短段，用口径1.5～2厘米的圆形通心器捅去瓜心，再把瓜段周围纵划若干条纹，其深度为瓜肉的1/2，制成坯。

（3）浸瓜　将坯投入饱和澄清石灰水中浸泡6～8小时，再移入含明矾2%和含微量叶绿素铜钠盐的溶液中浸渍4小时，取出沥干。

（4）糖渍　配制45%～50%的糖液50千克，煮沸后放入瓜段50～60千克，浸渍24小时，捞出，并向糖液中加入适量白糖，使浓度为45%～50%，再次煮沸后把瓜段加入，浸渍24小时。如此反复几次，使糖液浓度达到65%～70%，最后浸渍2天，并在糖液中加入40克的苯甲酸钠溶液，以利产品长期保存。

（5）烘干　将黄瓜段压成扁块状，送入60～70℃烘烤箱烘12～16小时，用手摸不粘手，水分含量在16%～18%时出烘房，即成。

3. 产品特点　色绿、半透明、有光泽、均匀一致、质地柔软、不粘手。

（八）酸黄瓜罐头

1. 工艺流程

原料选择与处理→配料处理与汤汁配制→装罐→排气和

封罐→杀菌与冷却

2. 操作要点

(1) 原料选择与处理　选择无刺或少刺的品种，瓜条要求幼嫩，直径3～4厘米左右，粗细均匀，无病虫害、无腐烂以及色泽均一的黄瓜。选好后用清水洗净，放入水中浸泡6～8小时（最好为硬水），浸泡后仔细洗净，再按罐的高度（至罐颈处）切段，各段要顺直。黄瓜用量：以500克容量的罐计算，用265克。

(2) 配料处理与汤汁配制　选择新鲜、鲜嫩并除去病虫害、损伤及枯黄腐烂部分的茴香、芹菜（叶）、辣根（或叶）、荷兰芹（叶）、薄荷（叶片），切成4～6厘米小段；干月桂（叶），红辣椒（去籽）切成1厘米小段；大蒜去皮后洗净切成0.5克小片。用食用酸味剂将汁液调成pH在4.2～4.5范围内。

配料：用量与配制依罐头容量而定，500克罐头需配料13.5克。其中：鲜茴香5克、芹菜叶3克、辣根（或2片叶）2克、荷兰芹叶（2片）1.5克、薄荷叶（2片）0.25克、月桂叶1片、红辣椒0.5克、大蒜（1片）0.5克。汁液：每500克容量的罐头需225克。

(3) 装罐　将做罐头用的罐、盖及橡皮圈洗净，用沸水消毒。装罐时，先装入配料，再装入黄瓜，最后装汤汁。汤汁温度不低于75℃，有利于排气。加汤汁以距盖6～8厘米为度。

(4) 排气和封罐　装好后送入排气箱（锅），使罐内温度为90℃，维持8～10分钟，取出趁热封罐。

(5) 杀菌与冷却　杀菌温度和时间依罐头大小而定，500克玻璃罐，在100℃下经10分钟就可达到杀菌目的。

3. 产品特点　味道平和，口感清爽，质地脆嫩。

第四章　冬瓜的贮藏与加工

一、概述

冬瓜起源于中国和东印度，广泛分布于亚洲的温带、亚热带及热带地区，属葫芦科一年生草本蔓生植物。适应性强，栽培容易，高产稳产，耐贮运，供应期长。冬瓜质地清凉，味清淡，具有消暑解热、利尿等保健之功效，深受广大消费者喜爱。冬瓜是大家喜食的蔬菜之一，除为良蔬佳肴食用外，冬瓜还是预防和医治疾病的良药。冬瓜还有药用价值，是肾脏病、浮肿病人的理想食品。冬瓜肉加工的冬瓜糖紫，可治百日咳及支气管炎等病。含尿素分解酶、皂甙等，具清热化痰、消痈排脓等功能。嫩瓜和成熟瓜均可供食外，还可腌渍成蜜饯，制成冬瓜片，糖果，或脱水制干等用。种子和果皮可作药用，有消暑解热功能，特别是夏秋季节，食之能利尿止渴，为南方各城乡夏秋淡季蔬菜供应最多的瓜菜。

冬瓜按果实大小可分为小型果和大型果两类。按果型分为圆冬瓜、扁冬瓜和枕头冬瓜三类，此外按皮色又分为粉皮或青皮冬瓜。

(一) 小型冬瓜

雄花出现早，初花的节位低，以后连续发生雌花，每株结瓜多（4～8 个），瓜形小，单果重 1.5～2.5 千克，大者约 5 千克，瓜扁圆形、圆形或高圆形。适于早熟栽培，采食嫩瓜。播种至初收约 110～130 天。品种有四川成都五叶子、杭州圆冬瓜（灯笼冬瓜）、绍兴小冬瓜、安徽早冬瓜、苏州雪里青、北京一串铃冬瓜、南京一窝蜂。

（二）大型冬瓜

雌花出现晚，中、晚熟种。瓜大，单果重 7.5～15 千克，大者 25～30 千克以上，高产，肉质厚，果呈长圆筒形，短圆筒形或扁圆形，果皮青绿色，被白蜡粉或无白粉。自播种至初收约 140～150 天，以采食老熟瓜为主，耐贮运。品种有广东青皮冬瓜、江门灰皮冬瓜、长沙粉皮冬瓜、株洲龙泉青皮冬瓜、武汉粉皮枕头冬瓜、广西玉林大石瓜、云南三棱子冬瓜、玉溪冬瓜、重庆米冬瓜、成都爬地冬瓜、粉皮冬瓜、江西扬子洲冬瓜、昆明太子冬瓜。

二、采收

采收是冬瓜生产的最后一环，又是冬瓜商品化处理、贮运、加工的最初环节，具有很强的季节性和技术性。采收质量的好坏，采收成熟度、采收期等是否恰当，采收技术、操作处理是否科学合理，都直接影响到采后冬瓜产品的品质、贮运消耗和加工产品质量以及经济效益的高低。冬瓜生产的目的是为了收获高产优质的产品用于销售，所以采收是冬瓜商品生产的关键环节，只有科学适时地采收才能获得优良的冬瓜产品。为市场提供新鲜优质的冬瓜和为加工提供优质原料，否则即使有很好的贮运和加工技术条件也得不到优良的商品，甚至造成重大的腐烂损失，因而采收的原则应是适时合理、保质保量、减少腐烂。

（一）冬瓜成熟的标准

地瓜一般在 7 月 20 日，瓜长到 7～8 千克即可上市；吊瓜在 9 月 15 日至 9 月 20 日采收冬贮。一般开花授粉后的头 3 周是冬瓜果实生长发育最快的时期，此后生长速度开始减慢，瓜的生长速度从外部看趋于停止。瓜表面上的茸毛逐渐退掉，靠近瓜柄处出现白粉时，可陆续采收上市。冬春茬瓜多以嫩果上市，采收时应轻拿轻放，以防破损。

（二）采收技术

采收果实要按品种特征、气候、运输距离，立即上市或贮藏等因素分批采收，不能一次采收完，立即上市的，宜采九成熟的；贮藏和远距离运输的，以八成熟为佳，采前至少一周不能浇水。地瓜采收时不要剪断主蔓，保护叶片，以利于以后生长；吊瓜采摘时要两人作业，一人剪，一人抱，轻拿轻放，不能擦伤，减少冬贮损失。

三、贮藏

（一）采前因素对其贮藏性的影响

冬瓜经贮藏后其质量的好坏，很大程度上取决于采后处理、贮藏设备和管理技术。冬瓜贮藏窖（库）的温度、湿度和气体成分是直接影响贮藏效果的重要因素。但是，冬瓜采前的许多因素，如施肥、灌水、病虫害防治及果实的成熟度等，都会影响冬瓜的贮藏寿命。

1. 品种 冬瓜品种对其贮藏性能有很大的影响。长沙市蔬菜研究所的贮藏实验表明，所用的 4 种冬瓜的贮藏期分别为：青杂 1 号 120～140 天，青皮冬瓜 80～100 天，粉皮选育 30～40 天，湖南粉皮少于 30 天。从冬瓜的解剖结构分析，外果皮结构应是构成冬瓜防腐耐贮性能的重要因素。表皮细胞坚实，细胞壁大部分或全部加厚，这是抵御病菌侵害的第一道屏障，厚壁组织细胞层数较多。细胞连续（不间隔薄壁细胞），壁厚度较大，这时第二道屏障单位面积的气孔数量较少，也可以减少病菌从气孔开口处侵入的机会（表 4－1）。

表 4－1　各冬瓜品种果实的果皮结构与防腐性能的关系

			青杂 1 号	青皮冬瓜	粉皮选育	湖南粉皮（当地农家种）
表皮	表皮毛	蜡粉层厚度/毫米	3～6	6.5～10	11～20	4～23
		长度	2～4.5	2～5	2～5	2～6
		粗度	65～150	142～198	66～115	50～110
		细胞数/个	5～9	4～12	6～8	5～9
		每平方厘米数/根	6～12	4～8	8～12	7～11
	表皮细胞	厚度/微米	26.4～33	28～33	26.4～29.7	20～30
		外切向壁厚度/微米	6～7	6.6～9	6.6～7.8	6～7
		内切向壁厚度/微米	5～7	3～6	3～4	2.5～3.5
		径向壁厚度/微米	3～7	3～7	3～5	2.5～7
		是否含叶绿体	含叶绿体	含叶绿体	不含叶绿体	不含叶绿体

（续）

<table>
<tr><th></th><th></th><th></th><th>青杂1号</th><th>青皮冬瓜</th><th>粉皮选育</th><th>湖南粉皮（当地农家种）</th></tr>
<tr><td rowspan="10">皮层</td><td rowspan="2">同化组织</td><td>厚度/微米</td><td>112～149</td><td>116～132</td><td>82～90</td><td>90～116</td></tr>
<tr><td>细胞大小/微米</td><td>20～33×
20～36</td><td>16～48×
16～30</td><td>7～10×
11～30</td><td>17～42×
6～16</td></tr>
<tr><td rowspan="4">厚壁组织</td><td>壁厚/微米</td><td>4～7</td><td>3.5～5</td><td>3.5～4</td><td>3.5～6</td></tr>
<tr><td>层数/层</td><td>3～5</td><td>4～6</td><td>1～3</td><td>2～3</td></tr>
<tr><td>细胞大小/微米</td><td>22～33×
20～30</td><td>20～36×
22～28</td><td>21～40×
16.5～25</td><td>26～52×
16.5～36</td></tr>
<tr><td>是否连续</td><td>连续（量多）</td><td>连续（量多）</td><td>不连续（量少）</td><td>不连续（量少）</td></tr>
<tr><td>与厚壁组织相近的薄壁细胞</td><td>细胞大小/微米</td><td>30～120×
20～130</td><td>20～44×
20～100</td><td>27～105×
17～70</td><td>22～100×
6～52</td></tr>
<tr><td rowspan="2">气孔器</td><td>每平方毫米数/个</td><td>4～6</td><td>6～10</td><td>3～5</td><td>8～12</td></tr>
<tr><td>大小/微米</td><td>33～37×
26.4～30</td><td>33～36×
23～33</td><td>26.4～40×
19.8～26.4</td><td>30～36×
23～30</td></tr>
</table>

2. 田间管理 田间管理涉及的方面比较多，都直接关系到冬瓜的优质丰产。冬瓜是喜肥作物，不仅需要足够的肥料，而且肥料的营养元素，特别是氮磷钾的用量、比例都很重要。只要肥料的用量比例和施用时间适当，冬瓜就能优质高产，这样的冬瓜也耐贮藏。作为贮藏用的冬瓜，不宜雨后采收，如果瓜田灌水，则至少灌水1周后才能采收，绝对不

能在灌水后立即采收。冬瓜病虫害防治及时，采收的冬瓜带病菌就少，减少了冬瓜在贮藏期间病菌感染的机会，这样对贮藏也是有利的。

3. 冬瓜成熟度对贮藏性的影响 成熟度过高的冬瓜，不耐贮藏，成熟度适宜的瓜较耐贮藏。立即上市销售的冬瓜，宜九成熟采收，贮藏用的冬瓜，以八成熟采收为好。

4. 晒瓜对冬瓜贮藏性的影响 冬瓜晚熟品种是适于贮藏的品种，但采后应作适当处理。如采后经过消毒处理，贮藏在常温窖（库）或控温窖（库），在瓜窖前的空场上晒一段时间，有的就在瓜田旁边的平地上晒瓜，但是晒瓜时间过长（20 多天），瓜损耗太大。晒瓜时间太长，增加了瓜的腐烂损耗率，加速了瓜的衰老。冬瓜个大，皮脆，采收、装卸、搬运时稍不留心容易擦破瓜皮，擦破的伤口便是病原微生物侵入的窗口。如果短短晾晒 2～3 天，可促进伤口愈合，防止或减少病原微生物的侵染机会，对冬瓜贮藏是有益的。

（二）主要病害、病原及防治

冬瓜是我国栽培较广的瓜类之一，产品除市销外，大量调运或贮藏出口。冬瓜在采摘后，依靠本身的养分和水分来维持和调节生命活性。在此期间由于呼吸作用使得养分不断消耗和减少，果实不断衰老，直至失去食用价值。后熟期的长短，与温度、湿度和通风条件有密切的关系。据试验，冬瓜最适宜的贮藏温度为 10～20℃，空气相对湿度在 85％～90％，通风可根据温、湿度变化而定。冬瓜在贮藏过程中，通常易发生果实由内向外腐烂淌水，瓜体出现豆子斑和堆放接触面霉变等现象，这是由于搬运中震动过大，果实内部裂瓤，细胞组织受破坏，或带入田间炭疽病，以及空气不流通等原因造成的。冬瓜的主要病害有：

1. 冬瓜疫病

（1）症状　田间侵害茎、叶及果实。通常潮湿时病部生稀疏白霉，即病原菌的子实体。贮运中的病瓜为田间已感染而尚未发病的瓜。病斑出现后，初呈水渍状，圆形，暗褐色，稍凹陷，很快扩展，病部接着软腐，表面长白色稀疏的霉层。严重时达半个，甚至整个瓜都烂掉，瓜面布满白霉。

（2）病原　主要由鞭毛菌亚门卵菌纲的瓜疫霉 *Phytophthora melonis* Katsura 引起。病菌在 PDA 上，菌落灰白色，较稀疏，菌丝无隔。易产生疱状或结节状突起，经常很多集结成束状或球状。病菌在上述培养基上无游动孢子囊，但如移入清水中，便较快形成。新孢子囊自前一个孢子囊内层出产生，并可多次层出。孢囊梗细长，孢子囊顶生，无色，卵圆形至广圆形，顶端有较扁平但不明显的乳突，少数孢子囊无乳突。萌发时，孢子囊内形成许多游动孢子，自乳突逸出。游动孢子无色，单胞，卵形，两根鞭毛。条件不适时，孢子囊直接产生芽管。有性态为同宗配合：卵孢子球形，淡黄色，不满器，表面平滑；藏卵器球形，壁光滑，无色；雄器椭圆形，主要转生。

（3）侵染途径及防治方法　病菌除冬瓜外，还危害黄瓜、节瓜、白瓜、西瓜等。以菌丝体、卵孢子及厚垣孢子随病残组织遗留在土壤中越冬，次年孢子囊在水中萌发产生游动孢子，通过雨水、灌溉水传播到寄主上。未充分腐熟的有机肥，特别是混杂有大量病死茎叶及烂果的垃圾肥，是田间发病的重要菌源；贮藏期间的菌源来自田间堆贮的冬瓜。若贮运中湿度大，可不断接触传播，扩大蔓延。可以用 800 倍特克多或 100 倍百克进行消毒处理。

2. 冬瓜炭疽病

（1）症状　为害子叶、真叶、叶柄、株蔓、果实等部位，以果实症状最明显；果实染病，多在顶部，病斑初呈水渍状小点，后逐渐扩大，现圆形褐色凹陷斑，湿度大时，病斑中部长出粉红色粒状物，即分生孢子盘及分生孢子，病斑连片致皮下果肉变褐，严重时腐烂。

（2）病原　*Colletotrichum orbiculare*（Berk. & Mont.）Arx=*C. lagenarium*（Pass）Ell. et Halst. 称瓜类刺盘孢，属半知菌亚门真菌。

（3）侵染途径及防治方法　病菌主要在病残株上或地里越冬。种子带菌，附在种子表皮黏膜上的菌丝体也能越冬。此外，病菌还能在温室或塑料大棚的旧木料上过一定的腐生生活。病菌在越冬器官上产生的大量分生孢子，是田间发病的重要的初侵染源。潜伏在种子内部的病菌，能直接引起幼苗发病。病斑上形成的分生孢子可进行再侵染。收割时，分生孢子经人为搬运、昆虫活动或风吹雨溅，传播到健瓜上。在堆聚和贮运途中继续侵染危害。

采后以克霉灵 0.1 毫升/千克熏蒸冬瓜，贮温控制在10～12℃。湿度控制在60%以下。

（三）适贮条件及贮前准备

冬瓜喜温耐热，属冷敏性蔬菜，不耐低温贮藏，低于10℃往往会发生冷害。贮藏适宜温度为 10～15℃，相对湿度为 70%～75%，要求通风良好。冬瓜含水量较高，嫩瓜及过分成熟的瓜都不宜贮藏。贮藏的冬瓜要选择皮厚、肉厚、质地致密、品质较好、青皮发亮、表面布满蜡质的品种，九成熟，采收前 7～10 天生长田应停止灌水，采收时留3～5 厘米的瓜柄，在天气凉爽时用剪刀剪摘（最好选择早晨进行采摘）。搬运过程中应轻拿轻放，严防擦伤、碰伤，特别注意应严防抛落、滚动现象，以免造成冬瓜内部损伤，给入库贮藏造成较大隐患。

贮藏窖库的大小根据所贮冬瓜的数量决定。农家自备窖库多以 30 米^2 左右，能贮 5 000 千克即可，建造多以半地下方式，即建造窖室高约 3.6 米，地表上下各建造 1.8 米，四周设有窖库窗，前后左右对开，以便于通风、换气。这种结构具有恒温性高、凉爽、通风方便、干湿度易控制的优良特点。在冬瓜入库前 2～3 天应全面进行库内消毒，灭菌方法是：以高锰酸钾烟雾熏蒸窖库，密闭处理以后，再将需要贮藏的冬瓜入库。采取以下技术进行贮藏冬瓜可以保存 3～4 个月时间。在通风、阴凉、干爽的房间内，用木板搭高35～45 厘米、宽 60～70 厘米的棚架，在棚架下铺上一层草垫，将冬瓜单层平放在草垫上或在地板上铺上一层厚约 5～10 厘米的干净细河沙，将冬瓜单层放在细沙上，瓜柄部朝上，瓜顶部朝下。

贮藏场所先用 100 倍石灰水溶液或 500 倍百菌清水溶液喷湿地板和墙壁，再用硫磺熏蒸房间。冬瓜也必须用杀菌剂和保鲜剂浸泡或者喷雾。常用的有效药剂组合是 800 倍特克多与 10 微升/升 2,4－D 混合液，或 800 倍灰霜特与 10 微升/升 2,4－D 混合液，或 100 倍白克与 10 微升/升 2,4－D 混合液。

（四）贮藏方法

1. 就地贮藏 这是民间有效的贮藏冬瓜的方法之一，具体做法是：在加强大田后期管理的基础上，挑选未充分成熟的瓜，在田间仔细地一只只地用麦秆、杂草垫起来，防止湿烂，上面再用麦秆、草遮盖，避免烈日直射，然后用草绳扎牢，防止风吹等造成伤害。

2. 地面堆藏 地面堆藏法特别适用于冬瓜的贮藏，要注意做好以下环节的工作。

（1）选瓜 要选择瓜形大而端正，两端大小基本一致，呈筒形，瓜毛稀疏，皮色墨绿，无鲜明花斑，熟度在九成左右，无病斑、无虫害的冬瓜。这样的冬瓜皮厚肉坚，内部瓜瓤组织结实，水分也相对少一些，抗病力强，也较耐贮藏。如能从吊瓜内选择则更好。冬瓜在进库时，还应严格检查质量，剔除有病虫害、有病疤的瓜。

（2）采摘 应在早上气温较低、瓜体凉爽时采摘。为了防止损伤和避免病菌入侵，宜用剪刀剪藤，留下3厘米左右长的蒂柄。水伤冬瓜（即雨后水分过大）不宜采摘。

（3）搬运 搬运、装卸等环节，必须坚持轻搬、轻装、轻运、轻卸，切勿丢滚碰撞，否则容易造成倒瓤损伤，不利于贮藏。

（4）择库 贮瓜的仓库，应选择阴凉、通风、干燥的仓位。仓位选好后，先要用高锰酸钾和福尔马林进行熏蒸消毒，然后将选好的瓜送进仓库贮藏。

（5）堆放 摆瓜的方向一般要和田间生长时的状态相同，原来是卧地生长的要平放，原来是搭棚直立生长的要瓜蒂向上直立放。地面上都要先铺一层草包或麦草，力求平整。平放贮藏的冬瓜可采取三只一叠品字形堆放（图4-1），这样压力小，通风好，不易翻滚。直立放的冬瓜，瓜柄朝上直立放一层。瓜堆的四周最好都能留有通道，既便于检查，又有利于通风、散热。

（6）管理 在贮藏期间，要勤观察、检查，一般不要翻动。发现有病斑的瓜，应立即剔除，以免感染好瓜。还要注意气候变化，晴天敞开门窗通风换气，应防止阳光直接晒在瓜上。室内空气要经常保持新鲜、干燥、凉爽。如室温高达30℃左右，可采用排风扇降温换气；无排风设备的可在中午关窗遮荫，早晚开窗通风，以降低室温。

另外，由于冬瓜含水量多，气温过低也容易受凉变质。因此，在气温下降至0℃左右前，就要覆盖草包防寒保暖。

3. 架式贮藏和板条箱堆藏 架式贮藏（图4-1）的仓位选择、质量挑选、消毒措施、降温、防寒和通风等要求与堆藏基本相同。所不同的就是在仓库内用木、竹或三角铁搭成分层贮藏架，铺上草包，将瓜堆放在架上。还可用板条箱

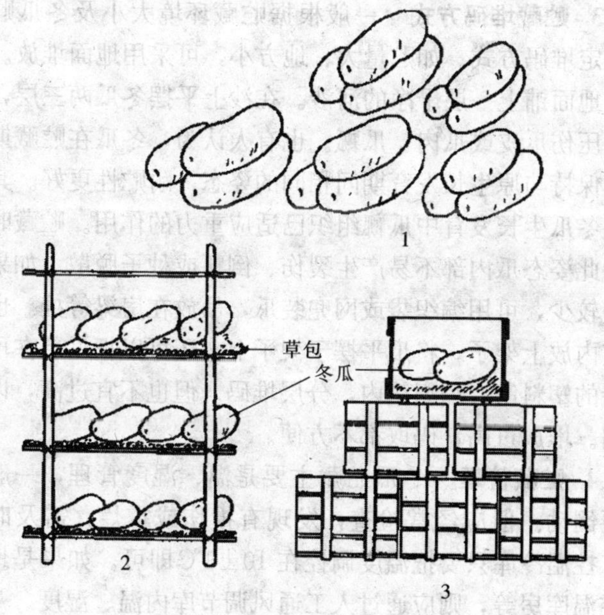

图4-1 瓜类贮藏方式示意图

1. 品字堆放 2. 竖式架藏 3. 板条箱堆藏

内垫一层麦秸作容器，放入瓜后叠成一定的形式进行贮藏（图 4－1）。

(五) 注意事项

1. 贮藏场所 冬瓜采收时一般气温仍偏高，应先在冷凉干燥的地方预贮和处理。然后转入贮藏库。贮藏库最好用控温冷库。如不具备冷库条件的，可用地下防空洞、地窖或空闲库房等场所。

2. 贮藏环境控制 贮藏冬瓜的适宜湿度为：10℃适宜的空气相对湿度为 70%～75%。湿度过高容易发生霉烂。温度过高容易萎蔫，失去鲜度。

3. 贮藏堆码方式 一般根据贮藏环境大小及冬瓜贮藏量决定堆码方式。如贮量大、地方小，可采用地面堆放。即先在地面铺上一层干净的河沙。在沙上平摆冬瓜两三层，过高会压伤瓜皮或瓜肉、瓜瓤。也有人认为，冬瓜在贮藏期间还应保持与原生长发育期间相同的姿态，耐贮性更好。其原因是冬瓜生长发育中瓜瓤组织已适应重力的作用。贮藏时仍保持此姿态瓜内部不易产生裂伤、倒瓤或种子脱散。如果贮藏量较少，可用编织袋或网兜装瓜，吊放在房梁等处。也可在室内放上架子，将瓜平摆于架子上。还可以把瓜装在可以码垛的塑料筐、编织筐内，分层堆码。但也不宜过高，以免倒塌。堆放过高，码取都不方便。

4. 贮藏管理 冬瓜贮藏主要是温、湿度管理，一般不需要倒动。但应经常检查，发现有损伤或霉烂，需及时上市。控温冷库只要把温度调控在 10±1℃即可。如果是地窖或控温库房等，则应通过人工通风调节库内温、湿度。一般库温管理原则是：前期注意降温，中期保温，后期升温防冻。应设专人管理，前期白天关闭门窗，防止阳光和外界高温进入。夜晚或清晨打开全部门窗，必要时配装排风扇，使外界低温进入库内，降低库温和湿度。在中期，根据室温需要，可通风、不加温或少通风、少加温，使库温维持在10℃左右。在后期，如果外温、室温均低于10℃时，可用炉火、电热丝加温，防止冻害。

四、加工

（一）冬瓜条

1. 工艺流程

冬瓜→挑选→清洗→去皮→去瓤→切条→硬化→漂洗→预煮→糖渍→第一次浸糖→第二次浸糖→熬制→干燥→包装

2. 操作要点

（1）原料预处理　清洗其表面的泥沙、农药及附着的微生物等污物；用不锈钢刀削皮，注意保护果肉，减少损失；将冬瓜切半，挖尽瓜瓤，保存备用；将瓜肉切成约40毫米×10毫米×10毫米的长条，备用。

（2）硬化处理、漂洗及预煮　将冬瓜条在澄清的饱和石灰水中浸泡8～10小时左右，待其浸透且能折断时即可；将经硬化处理的冬瓜条在清水中洗净后，放入清水中浸泡12小时左右，此期间，酌情换水，最终其水达到中性为止；将冬瓜条置于用柠檬酸调整pH为3～4，煮沸的清水中，预煮3～5分钟，然后在冷水中冷却。

（3）糖渍　按瓜条重量30%～40%和0.2%的比例分别加入白砂糖和亚硫酸钠，拌匀后在上表面再撒一层糖，糖渍24～48小时；将冬瓜条置于浓度为45%左右的糖液中煮沸10～15分钟，然后浸泡12～24小时，完成第一次浸糖；将冬瓜条置于浓度为55%左右的糖液中煮沸10～15分钟，然后浸泡 12～24 小时，完成第二次浸糖；将冬瓜条置于浓度为 65%左右的热糖液中，继续加热，使之保持微沸状态，煮沸 20～30 分钟后，捞出沥干。

(4) 烘干、包装　因糖渍时间较长，可添加适量的亚硫酸盐或山梨酸钾进行防腐；糖渍加糖量不宜太高，浸糖糖度梯度也不宜过大，即可防止因浓度差过大所产生的高渗透压对瓜条的影响。将瓜条置于 60℃的条件下，进行烘干，当水分降至 16%～18%时，即可取出，待温度降至室温时，方可包装。

(二) 冬瓜果蔬混合汁饮料

1. 工艺流程

冬瓜→挑选→清洗→去皮→去瓤→切块→打浆→榨汁→热处理→过滤→调配→脱气→均质→灌装→杀菌→混浊汁→澄清分离→调配→脱气→均质→灌装→杀菌→澄清汁

2. 操作要点

(1) 制冬瓜汁　先将瓜肉打成浆，再经压榨取出汁液；将冬瓜汁液加热到 85～90℃，保持 5～8 分钟；过 160 目左右的筛，随即进行高温瞬时灭菌。

(2) 澄清冬瓜汁饮料的配制　按冬瓜汁重量的0.16%～0.2%加入琼脂，让其自然沉降，然后吸出上清液，或用超滤法澄清瓜汁；将吸出的上清液再过 180 目的筛（或离心分离）；在 0.85 兆帕左右的真空度下进行脱气处理；在 20 兆帕的压力下进行均质；将汁装入选定的瓶（罐）之中，并及时在沸水中煮沸 30 分钟，然后冷却到 38℃左右。

(3) 混浊冬瓜汁饮料的配制　除了不经澄清处理外，其他工序与澄清汁饮料的配制方法几乎完全一致。

(4) 冬瓜果蔬混合汁饮料工艺　与冬瓜汁饮料工艺相

似，其不同之处在于，冬瓜果蔬混合汁饮料在配料时，还加入了一定量的其他果蔬汁或其他辅料。如冬瓜茶饮料中加有茶浸提液，冬瓜—刺梨汁饮料中加有刺梨汁，冬瓜蜂蜜露中加有蜂蜜等。

（三）冬瓜脯

1. 选料　选用表面平整、个大肉厚、无腐烂、无斑块、无裂口或裂纹、完整、成熟的冬瓜为原料。

2. 切条　将冬瓜洗净，削去皮，除去瓜瓤和瓜子，切成厚1.5厘米、宽1.5厘米、长5～6厘米的条。

3. 硬化　配制浓度为0.6%的石灰水，将冬瓜条倒入，浸泡8～12小时后取出，用清水漂洗3～4次，每次漂洗1～2小时。

4. 煮制　将漂洗干净的冬瓜条倒入预先煮沸的清水中煮5～10分钟，煮至冬瓜条呈透明状时为止。取出冬瓜条，用清水漂洗8～12小时，每隔3～4小时换水1次。

5. 糖渍　配制浓度为25%的糖液，倒入冬瓜条，搅匀，浸泡12小时后，捞出。将糖液浓度提高为35%～40%，再将冬瓜条倒入糖液中浸泡12小时，捞出。取冬瓜条与糖各半，先在不锈钢锅内配制糖液，再加入冬瓜条煮沸，然后改用小火熬制，用铲上下翻动，直至糖液浓度为70%～75%时为止。

6. 拌糖　将熬好的冬瓜条沥干糖液，放在凉席上，将其晾干后倒入盆中，撒上一层白糖，即成色白、味正、甜蜜可口的冬瓜脯。

（四）冬瓜果冻

利用冬瓜生产的果冻，味道不亚于各类水果果冻，但成本只有水果果冻的1/3～1/2，工艺简单，规模可大可小，适合乡镇企业、家庭作坊生产，且投资百元即可生产。

1. 原料 主料：鲜冬瓜；辅料：琼脂、柠檬酸等。

2. 配方 瓜汁 100 千克，蔗糖、淀粉糖浆各 25 千克，蜂蜜 5 千克，鸡蛋 5 个，琼脂 0.5 千克，柠檬酸适量。

3. 生产工艺

（1）原料 选择当年产、新鲜、无霉烂、个大、肉厚的冬瓜作原料。

（2）清洗 去籽、皮，洗去瓜表的泥沙等杂质，用去皮机去皮，并去除籽瓤。

（3）预煮 将软化后的冬瓜送入压力锅加水适量，煮沸至冬瓜变软，不超过 5 分钟。

（4）榨汁 将软化后的冬瓜送入榨汁机，进行榨汁。

（5）分离澄清 将汁液用离心机进行分离过滤（或用纱布过滤）。将 5 个蛋清搅拌成泡沫状，缓缓地注入滤液中，用搅拌机充分搅拌均匀后，静置，取上层澄清透明瓜汁（或用均质机进行均质）。

（6）真空浓缩 将蔗糖、淀粉糖浆、蜂蜜混合调成浓度为 50%糖液，与瓜汁混合送放真空浓缩锅，进行浓缩。

（7）包装出售 将浓缩的产品趁热注入洁净的聚丙烯包装盒内，待冷却后，即可封盒出售。

（五）冬瓜糖

配料：鲜瓜 50 千克，糖粉 2.5 千克，白砂糖 30 千克。选用老熟的鲜冬瓜，去皮去瓤，切成长 8～9 厘米、宽 1 厘米的长方条，置于缸中，另取石灰 250 克加入微温水溶化后，将瓜条浸泡一夜，次晨捞出，漂洗干净。操作时先将清水 10 千克烧开，把瓜条再用清水煮 20 分钟，捞出沥干，冷却后备用。最后，烧沸 3 千克清水，将 30 千克白砂糖分 4 次加入煎煮，每次相隔 30 分钟。烧沸后将瓜条放进，煎至糖已浓缩、瓜条变硬时，即可离火起锅，置于放有糖粉的竹箩上抖匀，然后摊开晾晒半天即为成品。

（六）酱制冬瓜

选择肉厚、大而长的冬瓜，削皮洗净，破半去瓤，放入大桶或缸内。第一次加盐，按100千克冬瓜10千克食盐的比例，放1层冬瓜撒1层盐，每天倒缸1次，腌两天，沥去水分。第二次加盐，每100千克冬瓜，加38千克盐，仍放1层冬瓜撒1层盐，每天倒缸1次，腌10天，捞出后切成长3.5厘米、宽2厘米的长条，放入木桶或缸内用清水浸泡3天，每天换水1次。然后，将泡好的瓜条沥去水分，装入布袋，再放入甜面酱中酱制，每天翻动1次，7天即成。

（七）五香冬瓜

将冬瓜洗净，破半去瓤，切成条。第一次腌制100千克瓜条用盐3千克，每天翻动1次，3天后滤去盐液，再用盐3千克，翻动两次，用洗净的重石头压两天。然后，将腌好的瓜条放入有糖精、五香粉的甜面酱中，搅拌均匀，每天翻动1次，7天即成。

（八）冬瓜干

将冬瓜皮削去，切成1厘米厚的片，置于阳光下晒8～10小时。当天晒成的瓜片因干燥易折碎，可以连同晒瓜片的竹帘移到室内或凉棚下，自然回软8～12小时，待柔软后，装入筐内。把回软后的瓜片一束一束地捆扎好，每束约为5～10千克，为防止霉烂当天复晒2～3小时，翻1～2次，即成冬瓜干。

1. 工艺流程

选料→洗净→刨皮→切块去瓤→切成瓜条→沸水煮→加

糖浓缩→装罐（瓶）→灭菌→成品待售

2. 制作方法 选取新鲜、肉质紧密、肥厚、成熟的冬瓜。先将冬瓜表面洗净，用刨刀刨去瓜皮，然后用刀切成四瓣，挖去瓜瓤和瓜子，再将每瓣瓜肉切成长4厘米、宽1厘米、厚1厘米的瓜条，倒入锅内已煮沸的清水中烫煮5～10分钟，煮至瓜条透明为止，取出后用冷清水冲洗。在锅中加水，其水量为瓜重量的1/4，煮沸。将用冷清水冲洗的瓜肉倒入锅内煮5～10分钟，随煮随将瓜肉捣烂。再按每千克瓜肉加0.7千克白糖的比例，分次往瓜肉里加糖，煮制浓缩，按每千克瓜肉加2克柠檬酸的量加入瓜肉中，将pH调到2.8～3.2左右（pH试纸可在当地化学试剂经销点买到）。煮至固体小块饱和含量为60%～75%、温度在103℃以上就可出锅，并立即装入已灭菌的罐（瓶）中，封罐（瓶），放入沸水中煮5～10分钟，杀菌。

（九）冬瓜悬浮颗粒饮料的加工

1. 制粒工艺

海藻酸钠＋水→调胶→加天然有色物质→滴注造粒→固化→漂洗→彩珠

2. 操作要点

（1）原料 选择当年产、新鲜、无霉烂、个大、肉厚的冬瓜作原料。

（2）调胶 水温60℃，配制时应快速搅拌，使其完全溶解，然后静置30分钟，以排除气泡。

（3）上色 试验证明宜采用天然有色物质。当选用色素作为染色剂时，由于形成的珠子是半透膜，在饮料中会很快失去颜色。本试验采用的是番茄酱、奶粉、菠菜液。对于前两种可用适量冬瓜汁化开，分别与海藻酸钠搅拌均匀（添加量 30%左右），经滴注后形成红色、珍珠色珠子。对于第三种：把菠菜适当加水榨汁，与冬瓜汁配制好后，经滴注形成绿色颗粒。

（4）氯化钙溶液浓度 1.5%～2.5%。

（5）固化 染色后的海藻酸钠，可灌注于孔径约 3～4 毫米的筛网上，可连续造粒，滴注完成后在氯化钙液中固化 30 分钟，以增加彩珠的硬度。

（6）漂洗 彩珠用清水多次漂洗，以除去氯化钙的苦涩味，然后收集于干净容器中备用。

（十）冬瓜清汁的制备

1. 工艺流程

原料预处理→冷榨汁→粗滤→澄清→精滤→调配→（加彩珠）灌装→封盖→杀菌→成品

2. 操作要点

（1）冷冻对出汁率的影响 在食品工业中常用冷冻技术来保鲜食品以延长保质期。冷冻对生活细胞影响很大。一般认为，冷冻时在组织内形成的冰晶会导致细胞膜结构破坏，解冻后细胞内含物大量渗出，水解酶活性增强，细胞死亡。为此，进行了冷冻对出汁率影响的试验，结果见表 4-2。

表 4-2 冷冻对出汁率的影响

冷冻时间（分钟）	0	30	60	90	120	150
出汁率（%）	56.5	58.6	61.8	65.8	68.7	68.7
可溶性固形物（%）	2.1	2.32	2.85	3.3	3.64	3.64

从表 4-2 的结果可以看出：冷冻对冬瓜出汁率有重要影响，随着冷冻时间的延长，在一定范围内冬瓜的出汁率增加，最后达到 68.7%，比常温下的出汁率提高 12.2%，同

时经冷冻处理后榨出的冬瓜汁中可溶性固形物也增加了。这说明：冷冻处理是有效的，它一方面提高了出汁率，另一方面也增加了果汁中营养物的含量。

(2) 热杀酶对冬瓜出汁率的影响　热处理杀酶是蔬菜榨汁前普遍采用的一道重要工序。但蔬菜组织中过氧化酶活性的强弱随品种不同而有差异。用愈创木酚液检验冬瓜切片，切片表面的呈色反应不明显，表明冬瓜的过氧化酶活性低，在此基础上，我们对冬瓜进行了杀酶和不杀酶的实验比较(表 4-3)。

表 4-3　温度处理对冬瓜出汁率的影响

榨汁方式	出汁率（%）	可溶性固形物（%）	褐变与否
热烫榨汁	46.7	1.70	无褐变现象
常温榨汁	56.5	2.10	无褐变现象
冷冻榨汁	68.7	3.64	无褐变现象

试验结果表明：三种榨汁方式，冬瓜汁均未发生褐变。但冬瓜热榨汁的可溶性固形物和出汁率均明显低于冷榨汁。主要原因是由于热杀酶使果肉中的胶质和黏液物质溶出，浆汁黏稠，汁液分离困难，导致出汁率显著下降。同时，热烫时的溶析作用使可溶性固形物显著降低。因此，我们认为冬瓜以不杀酶冷榨汁为宜。

(3) 温度对冬瓜汁澄清的影响　根据加热澄清原理，利用温度的巨变使蛋白质、胶体物质变性、凝集形成沉淀物。我们应用急骤加热使冬瓜汁中难以过滤的组分凝结，经迅速冷却，用过滤的方法除去凝结颗粒，从而使冬瓜汁在高温杀菌时保持稳定。不同温度对冬瓜汁的影响见表 4-4。

表 4-4　加热法澄清冬瓜汁的效果

样品	加热方式	加热温度（℃）	加热时间（分钟）	表观现象
1	水浴	81	8	汁液混浊，不透明，少量絮状沉淀
2	电加热	84	8	汁液不澄清，絮状悬浮，絮状沉淀
3	电加热	87	8	澄清透明，沉淀物密沉于杯底
4	电加热	90	8	沉淀物散飘，大部分沉于杯底，汁液透明

试验结果表明：用热处理除去冬瓜汁热凝固物，澄清冬瓜汁效果显著，其中 87℃ 8 分钟的温度时间组合是除去冬瓜汁热凝固物的最适热处理条件。

（4）饮料制作　据谭云海研究：在液体黏度达到一定程度时，颗粒大小对悬浮稳定性无显著影响，二氯化钙浓度影响颗粒密度，故要保持悬浮稳定性，需从饮料黏度上进行调整。经试验，单用，复合使用琼脂、CMC－Na、黄原胶、卡拉胶，观察其稳定性，筛选出一复合稳定剂，其颗粒悬浮效果好，且口感适宜，较为经济实用。故设计配方一例如下（表 4－5）：

表 4-5　成分的配比

成分	冬瓜	白砂糖	柠檬酸	果汁	复合稳定剂	彩珠
配比	20%	8.5%	0.085%	2%	0.25%	3%

（5）产品质量

色泽：清淡绿色，彩珠鲜艳。

风味：具有新鲜冬瓜独有的清香气味，无异味。

口感：颗粒鲜嫩、爽口。

组织状态：颗粒均匀悬浮。

（十一）冬瓜酱

1. 工艺流程

选料→洗净→刨皮→切块去瓤→切成瓜条→沸水煮→加糖浓缩→装罐（瓶）→灭菌→成品待售

2. 制作方法 选取新鲜、肉质紧密、肥厚、成熟的冬瓜。先将冬瓜表面洗净，用刨刀刨去瓜皮，然后用刀切成四瓣，挖去瓜瓤和瓜子，再将每瓣瓜肉切成长 4 厘米、宽 1 厘米、厚 1 厘米的瓜菜，倒入锅内已煮沸的清水中烫煮 5～10 分钟，煮至瓜透明为止，取出后用冷清水冲洗。在锅中加水，其水量为瓜重量的 1/4，煮沸，将用冷清水冲洗的瓜肉倒入锅内，煮 5～10 分钟，随煮随将瓜肉捣烂。再按每千克瓜肉加 0.7 千克白糖的比例，分次往瓜肉里加糖，煮制浓缩，按每千克瓜肉加 2 克柠檬酸的量加入瓜肉中，将 pH 调到 2.8～3.2 左右。煮至固形物含量为 60%～75%，温度在 103℃以上就可出锅，并立即装入已灭菌的罐（瓶）中，封罐（瓶），于沸水中煮 5～10 分钟，杀菌。

（十二）酸辣冬瓜

1. 工艺流程

冬瓜→切段→腌制→配料→拌均→袋装→真空→密封→杀菌→成品

2. 操作要点

（1）原料的挑选 采选新鲜的冬瓜，去皮。

（2）切段 腌制将洗净后的冬瓜切成 5 厘米长的小段，每段又切成 0.5 厘米的均匀正方形小块连接片（每小块相连，中间不切断)，入容器腌制，按一层菜加一层盐分层摆放，层与层之不宜过厚，也不宜太薄，加盐量，一般为菜总重的 20%，食盐不仅具有脱去其水分，使组织中的水分配料，拌均将腌制好的红剁辣椒、腌制的冬瓜倒入缸中，再加入味精、醋拌均。8 天即为成品。

(3) 装袋　真空密封成品可装袋，用真空封口机在 0.008 兆帕压力下封口，热合带宽度为 10 毫米。

(4) 杀菌　用 90℃热水浴杀菌，杀菌过程透至细胞外，去除生菜味，更重要的是它有防腐作用。然后再封缸，为了保色，保脆，保质和较长时间的贮存，每天倒缸 1 次，腌 10 天左右后即可。定时翻动袋子，杀菌时间为 1 分钟，杀菌结束后迅速置于冷水中冷却至 36℃左右，然后保温检验，在 25℃左右下保温 1 周，检查有无胀袋现象产生。

(5) 产品质量标准　色白里透红。香冬瓜特有的清香味、辣椒香及调料香味。味道鲜美纯正，酸、辣适度，质地脆嫩，鲜辣爽口。形外形整齐，均为正方形的连接片。

(十三) 皮、籽及瓤的综合利用

冬瓜的皮、籽及瓤中仍含有丰富的营养成分，它也是加工综合利用的较好原料，但目前还未见有这方面的产品上市。我们认为可以从如下几方面进行考虑：

①可将瓜子理出，再经过调香、炒制等工艺，而制成各种风味的瓜子小食品。

②可从瓜子中提取蛋白质，从瓜皮中提取果胶之类的物质。

③可将冬瓜皮、瓤等直接烘干、破碎制成颗粒饲料，也可通过发酵处理制作发酵饲料，从而进一步提高其营养价值，减少环境污染，提高社会效益和经济效益。

第五章　南瓜的保鲜与加工技术

一、概述

南瓜是葫芦科南瓜属一年生的蔓生植物。我国栽培的南瓜主要包括中国南瓜和印度南瓜两种。中国南瓜又叫普通南瓜、番瓜、饭瓜、倭瓜等。过去，认为该种起源于亚洲南部，主要分布于中国、印度及日本等地，欧美甚少，故有“中国南瓜”之称。后来根据考古资料及品种资源的分布，确认南瓜起源于中、南美洲。南瓜在中美洲有很长的栽培历史，16 世纪传入欧洲，再传到亚洲。现在世界各地均有栽培，亚洲栽培面积最大，其次为欧洲和南美洲。我国明代《本草纲目》（1587 年）已有栽培南瓜的记载。目前，国内普遍栽培。

南瓜生长强健，适应性很强，管理容易，既可爬地栽培，也可搭架栽培，还可在瘠薄的山坡、道旁的零星隙地和房前屋后种植。因此，除了大面积栽培外，全国各地农村均有零星栽培，是国内主要的庭园蔬菜作物。

南瓜在夏季可采收嫩瓜做菜食用，秋季老熟瓜可贮藏至冬季，既可做菜用，又可代粮作主食，其产量大大超过粮食。南瓜的这一特点，使得在我国 20 世纪 50～60 年代的 20 余年间，在农业生产中占据了极其辉煌的地位。当时，粮食严重不足，不能满足人们生存的需要。于是就提出了以产量高、含水量大、能有效地充填人们肚皮的“瓜和菜”产品来代替粮食食品的口号，其中之一就有南瓜。

南瓜的嫩瓜和老熟瓜均可食用，其营养成分有所差异。据测定，在每100克可食部分中，嫩瓜含水量为93.7克，老熟瓜为81.9克，老熟瓜中的碳水化合物为15.5克，比嫩瓜的4.2克高2.7倍，但蛋白质的含量嫩瓜为0.9克，比老熟瓜高0.2克。脂肪及膳食纤维的含量老熟瓜则略高于嫩瓜。南瓜中的胡萝卜素、钾和磷的含量丰富，较其他瓜均高，老熟瓜含胡萝卜素更高，达120毫克，比嫩瓜的含量高1倍。每100克可食部分中，老熟瓜中含钾181毫克，含磷40毫克，分别比嫩瓜高2.1倍和2.3倍。但嫩瓜中维生素C的含量为16毫克，比老熟瓜高3.2倍。此外，南瓜含有瓜氨酸、精氨酸、天门冬氨酸、葫芦巴碱、腺嘌呤、戊聚糖和甘露醇，以及果胶和酶等，其果胶含量为南瓜干物质的7%～17%。南瓜种子的含油率约为50%，可榨出优质的食用油，适用于高血脂病人食用。

我国医学认为南瓜性温，有消炎止痛、补中益气、解毒杀虫等功效。南瓜、南瓜藤、南瓜花、南瓜蒂、南瓜籽都是治病的良药，早已被我国医学家利用，对某些疾病都具一定的疗效。如将南瓜榨汁，对加快肾结石和膀胱结石的溶解有良好的作用；南瓜中的果胶能和体内多余的胆固醇黏结在一起，故可预防和治疗动脉粥样硬化。同时，果胶还可保护肠胃黏膜免受粗糙食品的刺激，促进溃疡的愈合。南瓜中的果胶还有极好的吸附性能，能黏结和消除体内细菌毒性和铅、汞等金属及放射性元素。熬制的南瓜肉可作为胃病和十二指肠溃疡的食疗。新鲜南瓜粉能促进胆汁分泌，加强肠胃蠕动，如果每天吃 300～500 克南瓜粉就不会得便秘。所以日本保健专家预测，南瓜及其制品将被世界公认为特效保健食品，出口换汇率高于玉米、马铃薯，它将是一种十分重要的外销产品。最近，日本的内分泌学家山本名和，在调查糖尿病的发生情况时，发现了一个有趣的现象，爱吃南瓜的北海道人患糖尿病的比例远远低于其他地区的人群。为此，营养学家和药物学家对南瓜进行大量的研究分析，发现南瓜有促进体内胰岛素分泌的功效，能有效地降低血糖，改善糖尿病人的临床症状。认为经常食用南瓜对糖尿病具有良好的治疗效果。

但南瓜一次不能食用过多，因容易引起腹胀气满等令人不适的感觉。这是由于胡萝卜素随汗排泄沉积于皮肤角质脂肪上所致，停食后会逐渐自行消退。

南瓜花鲜嫩味美，营养丰富，含大量的胡萝卜素、维生素、纤维素，是近年来被多数营养学家一致推崇的风味独特的佳菜。食用南瓜花对慢性便秘、大肠疾病、高血压、中风及头痛等，都有一定的疗效，实为不可多得的营养佳品。南瓜还有美容的作用，是消除皱纹、滋润皮肤的佳品，将南瓜切成小块，捣烂取汁加入少量蜂蜜和清水，外搽，约 30 分钟后洗净，每周 3～5 次，能消除皱纹，让你青春永驻。

此外，鲜南瓜瓤做外用药有清热、利尿、解毒的作用，可用于烧伤、烫伤和弹片、异物入肉。

二、采收

中国南瓜的老、嫩果实均可食用，采收时应根据市场需求情况、食用习惯和品种特性等决定。中国南瓜多以老熟瓜采收为主。老熟瓜含水分少，含淀粉和糖较多，耐贮藏运输。为了提高产量，排开上市期，调节市场供应，也可先采收嫩瓜，而后再留老熟瓜。一般把第一雌花所结的瓜作嫩瓜采下。嫩瓜味鲜，含维生素较多。

采收嫩瓜在花落 15 天左右即可采收上市，单个重 1～2 千克。老熟瓜需在落花后 35 天以上方可采收。如果距离下茬作物时间充裕，可待瓜蔓全部变黄或枯死后，使瓜充分老熟再采收。老熟瓜的皮较厚，手指甲划不破，表皮蜡粉增厚，皮色由绿色变黄或红色为好。采收时果同果柄的一段茎蔓一起剪下，以利于贮藏。

采收时谨防机械损伤，禁止滚动，抛掷，以免瓜瓤因振动损伤而腐烂。

三、贮藏

南瓜在采收后，依靠本身的养分和水分来维持和调节生命活动。在此期间由于呼吸作用使得养分不断消耗和减少，果实不断衰老，直到失去食用价值。后熟期的长短，与温度、湿度和通风条件有密切的关系。据试验南瓜适宜的贮藏温度是 10～13℃，适宜的空气相对湿度为 50%～70%，贮藏期 4～6 个月，必须注意经常通风。

南瓜常用的贮藏方法主要有以下几种。

（一）堆藏法

利用堆藏法贮藏南瓜要注意做好以下环节的工作。

1. 选质 质量挑选，要在瓜蔓长势好，叶子青秀，无病虫害的田块中，选择老熟（红度高）、生长茁壮、养分充足、瓜形整齐、完整无伤的南瓜。在进仓时还应严格检查质量，剔除有病虫害、有病疤和过嫩、倒瓤的南瓜。

2. 采摘 应在早上气温较低、瓜体凉爽时采摘。为了防止损伤和避免病菌入侵，宜用剪刀剪藤，留下 3 厘米左右长的蒂柄。

3. 搬运 搬运、装卸等环节，必须坚持轻搬、轻装、轻运、轻卸，切勿滚、碰、撞，否则容易造成倒瓤损伤，不利于贮藏。

4. 入库 贮瓜的仓库，应选择阴凉、通风、干燥的仓位，选好后，先要用高锰酸钾和福尔马林进行熏蒸消毒，然后将选好的瓜送进仓库贮藏。

5. 堆放 堆放前，地面上先铺上一层麦草，力求严整。摆瓜的方向要与田间生产状态相同，原来是卧地生长的要平放，原来是直立生长的要瓜蒂向上直放。一般将瓜蒂向里，瓜顶向外，一个一个地依次码成圆堆，每堆数量在 15～25 个之间较为适宜。堆桩要大点，但要透风，否则会加剧出汗现象，影响瓜的贮藏质量。堆桩的高度以 5～6 个瓜高为好，再高时要适当支架，以免倒塌，使瓜受损。也可装筐堆藏，每筐装得不要太满，瓜离筐口应留有 1 瓜的距离，以利于通风和防止挤压。瓜筐堆采用骑马式，以 3～4 个筐高为宜。摆放要留出通道，以便检查。

6. 管理 在贮藏期间，要勤观察、检查，一般不要翻动。发现有病斑的瓜，应立即剔除，以免感染好瓜。还要注意气候变化，晴天敞开门窗通风换气，应防止阳光直接晒在瓜上。室内空气要经常保持新鲜、干燥、凉爽。如果室温高达 30℃左右，可采用排风扇降温换气；无排风设备的可在中午关闭门窗遮阴，早晚开窗通风，以降低室温。外界气温较低时，逐渐关闭门窗，并覆盖草包保温防寒，温度保持在 0℃以上。

（二）架式贮藏和板条箱堆藏

架式贮藏的仓位选择、质量挑选、消毒措施、降温、防寒和通风等要求与堆藏法基本相同。所不同的就是在空房内用木、竹或角铁搭成分层贮藏架，铺上草垫，将瓜堆放在架上。还可用板条箱内垫1层麦秸作容器，放入瓜后叠成一定形式进行贮藏。其他的质量检验、保温、通风等与堆藏法相同。这种方法贮藏量大，通风效果好，仓位容量也比堆藏的大，便于检查、观察，目前此法应用较多。

（三）窖藏法

采用窖藏法贮藏南瓜应取老熟果，采收标准为瓜皮坚硬，显现固有的色泽，瓜面布有蜡粉。南瓜采收后宜在24～27℃下放置2周，使瓜皮硬化有利于贮藏，这对成熟度较差的南瓜尤为必要。

在温度条件均衡、湿度较低的地下窖贮藏南瓜最为适宜。南瓜放置方法与堆藏法或架式贮藏法相同，窖底铺河沙或麦草，保持温度7～10℃，相对湿度为70％～80％。这种方法可贮藏100～200天。

（四）悬挂贮藏法

南瓜贮藏量小的农户多采用此法，特别是北京贮藏比较适合。用草绳扎成十字形，绳底放些草将瓜扎好，悬空吊在屋内即可。也可将南瓜用绳子绑起来，挂在屋檐下存放，随吃随取，既简单又方便。

四、加工

（一）南瓜营养灌肠

1. 工艺流程

原料肉的选择→修割切块→腌制→绞碎处理→南瓜预处理→斩拌→充填→第一次烘烤→煮制→第二次烘烤→真空包装→成品

2. 操作要点

(1) 原料的选择　选用经兽医卫生检验合格，品质优良的鲜、冻猪肉为原料。

(2) 修割切块　将猪肉去皮，修割掉筋腱、肌膜、碎骨、淤血、淋巴等杂物。将猪肥、瘦肉分割开，尽量做到瘦肉不带肥肉、肥肉不带瘦肉。然后将瘦肉切成1厘米见方的块，将肥肉切成0.5厘米见方的小块。

(3) 腌制　腌制可产生色泽和风味，防止腐败变质，改善食品质地。将瘦肉和肥肉分别装入腌制箱内，将精盐和亚硝酸钠拌和均匀后，随即倒入瘦肉和肥肉中，搅拌均匀后置于2～4℃的腌制间内，腌制2～3天，待切开瘦肉断面全部达到鲜艳的玫瑰红色，且气味正常，肉质坚实有柔滑的感觉，可塑性强即腌制成熟。

(4) 绞碎　将腌制好的瘦肉和肥肉，分别放入绞肉机中，用3毫米的孔板，把肉绞碎。

(5) 南瓜预处理　取肉厚、色黄、成熟的南瓜为原料，清洗削皮后切开，挖出瓜瓤、籽，切成4毫米的小片，将小片用0.1%的焦磷酸盐浸泡3分钟，进行护色处理，然后捞出，放入蒸锅内蒸到南瓜软熟，自然冷却后放入冰箱内冷冻。

(6) 斩拌　斩拌可以将各种原辅料混合均匀，同时起乳化作用，增加肉馅的持水性，提高嫩度、出品率和制品的弹性。斩拌的次序是先将猪瘦肉放入斩拌机的料盘内，随即加入冷冻的南瓜片、冰屑，斩拌2～3分钟，再将淀粉、香辛料、维生素C、磷酸盐徐徐加入肉馅中，继续斩拌1～2分钟，最后将肥肉加入肉馅中，再斩拌2～3分钟。斩拌好的感官标准为肥瘦肉和辅料分布均匀，肉馅色泽呈均匀的淡色，肉馅干湿适当，整体稀稠一致。特别是黏性必须严格掌握，达到比较有劲，用手拍起来整体肉馅跟着颤动。斩拌结束后的肉温应控制在10℃以下。

(7) 充填　把斩拌好的肉馅放入灌肠机内进行充填。肠衣选用直径为15～20毫米，用纯棉细线结扎，再用剪刀在扎处剪断。充填时注意：握肠衣的手松紧要适度，避免制品的肉馅松散或产生气泡。若有气泡，可用针在气泡处扎眼放气。

(8) 烘烤　把充填好的灌肠放入烘烤炉内，调温度到70℃，鼓风，烘烤30分钟。烘烤可以使肠衣干燥，柔韧，使肠衣收缩紧固肉馅。同时，通过烘烤可使肉加速变红，表层蛋白质凝固，减少蒸煮过程中肠衣的破裂，增加风味。

(9) 煮制　将灌肠放入水浴锅，下锅温度为90℃，在恒温82℃下保持40分钟。注意煮制时要在灌肠上压一铁板或其他重物，使灌肠全部浸入热水中。当灌肠的中心温度达到71℃时，即为成熟。煮制可以起到杀菌、灭酶、固定制品、提高风味的作用。肉煮制成熟后，捞出沥干。

(10) 第二次烘烤　此次烘烤的目的是降低灌肠中的水分含量，使制品贮藏期延长。烘烤仍在烘烤炉中进行，温度60～65℃，时间40分钟。烘烤完毕后取出，自然放凉。

(11) 真空包装　把灌肠摆入特制的聚乙烯塑料袋中，用真空包装机进行抽气包装。真空包装可以防止贮藏过程中脂肪的氧化，延长灌肠的保质期。

(二) 南瓜泡菜

1. 工艺流程

其他原料→除杂　　　　配制盐水
　　　　　　　↓　　　　　　↓
南瓜→去瓤、去籽→清洗→切块→晾晒→混合→装坛→

加盐水→发酵→取出泡菜→整理→装袋→抽空密封→杀菌→冷却→成品

2. 操作要点

（1）原料选择　南瓜要求新鲜，八成熟，无腐烂，无变质；萝卜、黄瓜、扁豆角、青椒、芹菜、香菜、洋葱均需新鲜，无腐烂，无杂质；黄酒色黄澄清，味道正常；食盐洁白干燥，无杂质；鲜姜、花椒、八角无霉变，无杂质，无异味。

（2）南瓜　将南瓜的籽、瓤挖出来（可用人工或机械分离籽和瓤，其中籽可晒干或机械干燥成为炒食制品的原料），同时除去柄。

（3）其他原料除杂　萝卜去掉叶和丢根，扁豆角抽筋，青椒去掉柄和籽，芹菜去掉叶片和根，洋葱去掉皮和根须。总之，各种原料都要去掉不可食用及腐烂部分。

（4）清洗　将上述各种原料均用自来水冲洗干净，置于筛上沥干多余的水分，然后用不锈钢刀将南瓜切成3～4厘米的薄片，青椒和芹菜切成2～3厘米小段，洋葱及香菜切成0.5～1厘米的小段，鲜姜切成细丝，其余均切成3～4厘米的长条。

（5）晾晒　将上述切好的各种原料置于竹筛中，在阳光下晾晒，直到原料表面的明水全部晾干。

（6）配制盐水　每100千克水可加入食盐7千克，置铝锅中煮沸后，离火自然冷却备用。

（7）混合　将晾晒的原料放入大容器中，同时加入黄酒、鲜姜、花椒、八角，混合均匀。

（8）装坛　将已经混合均匀的半成品原料，装入已用清水洗干净的泡菜坛中，然后加入配制好的盐水，盐水加至距坛口 1～2 厘米。

(9) 发酵　将上述半成品原料及辅料按规定装好后，立即盖好盖密封，用清水封口，也可采用其他措施封口。总之，要保证坛内处于厌氧状态为宜，然后置于 15～25℃的温度下进行发酵。10 天左右即可食用，喜欢食酸者，可适当多发酵几天。泡菜发酵成熟后，其乳酸含量为 0.4%～0.8%。

(10) 泡菜整理　取出泡成熟的泡菜，适当切分、整理、滤干。

(11) 装袋　取整理好的成品，装入无毒聚乙烯或聚乙烯复合薄膜袋中，根据实际情况，可装 100 克、250 克和 500 克。

(12) 抽空密封　利用真空减压法在 67～80 千帕的压力下进行密封。

(13) 杀菌、冷却　采用巴氏消毒法进行灭菌处理，冷却后包装，即为成品。

(三) 南瓜脯

1. 工艺流程

原料选择→去皮、瓤、籽→清洗→切分→浸泡→煮制→烘干→回软→包装→成品

2. 操作要点

(1) 原料选择及预处理　选择肉质厚、纤维少、含糖量高、色泽金黄、无腐烂、无坏斑的南瓜为原料。将其利用清水洗净，削去外皮、挖出瓜瓤，切成长 3～4 厘米，宽厚各约 1 厘米的瓜条。

(2) 浸泡　将上述切分的南瓜条放入 2%的食盐溶液中进行护色处理，然后捞出放入 4%的石灰浆水中浸泡 4～6

小时，再用清水冲洗并浸泡 2～4 小时。

(3) 煮制　将浸泡后的南瓜条取出放入沸水中煮沸 3 分钟，以除去石灰味，切忌煮绵。煮后的瓜条用冷开水冷却后，按瓜条重 40%的比例加入白糖拌匀，顶部用糖盖过原料，24 小时后取出瓜条。

(4) 浸泡　将预先配制好的糖渍液倒入锅中，调整糖液浓度为 40%，加入 1%的蜂蜜、0.3%的柠檬酸，煮沸后，将南瓜条倒入，煮沸 30 分钟，用此糖液浸泡 8～10 小时，再将糖液吸出，浓缩至浓度为 55%，将瓜条倒入，煮沸到瓜条呈半透明状，用此糖液浸泡 24 小时。

(5) 烘干　将上述浸泡好的南瓜条取出，沥干，于70～75℃下烘干，南瓜条不粘手，含水量为 20%左右，即为成品南瓜脯。

(6) 回软、包装　烘干后将南瓜条装入密封的容器中，促使南瓜条中的水分平衡一致，即进行回软，时间一般为 24 小时以上，而后经包装即为成品。

(四) 南瓜脆片

1. 工艺流程

原料→选择→清洗→去皮等→切片→浸奶→脱水→真空油炸、脱油→冷却→包装→成品

2. 操作要点

(1) 原料选择　选择色泽金黄、表皮坚硬、纤维少、无霉烂和病虫害的南瓜为原料。用清水将南瓜的泥土洗净，去掉皮、蒂，剖开取出瓜瓤和瓜子。

(2) 切片、浸奶　将上述的南瓜切成 2～4 毫米的薄片，然后浸入 20%的奶粉溶液中，注意要充分搅拌，以保证所有南瓜片上都能粘上奶粉溶液。

(3) 脱水　将浸奶后的南瓜片摆放到烘盘上，送入烘箱内，在 70～75℃下，烘到至南瓜片含水量达到 18%～20%时停止。

(4) 真空油炸、脱油　将脱水后的南瓜片放入真空油炸中进行油炸，真空度控制在 0.08 兆帕，油温度控制在80～85℃，油炸时间可依据南瓜品种、质地、油炸温度、真空度而定。具体可通过真空油炸机的观察孔观察，当看到南瓜片上的泡沫几乎全部消失时，说明油炸结束。

脱油有的是利用离心机脱除南瓜片中多余的油分，如果油炸机具有油炸、脱油的双重功能，只要真空状态下即可进行脱油。

(5) 冷却、包装　油炸后的南瓜脆片利用冷风进行冷却，然后将其中的碎片清除，按色泽、大小分级，称重后进行包装即为成品。

(五) 瓶装南瓜豆瓣辣酱

1. 工艺流程

(1) 蚕豆曲制备工艺流程

蚕豆→清洗→浸泡→去皮→混合→接种→厚层通风培养→蚕豆曲

(2) 南瓜豆瓣辣酱生产工艺流程

蚕豆、辣椒酱→固态低盐加辣椒发酵→精制（南瓜块、砂糖、鲜酱油）→杀菌→包装→成品

2. 操作要点

(1) 南瓜块的制备　选用皮较硬、肉厚呈橘红色、含糖量高、纤维少，九成熟以上的南瓜为原料，洗净去皮、去蒂，对剖去瓤、籽，然后用刀或切片机切成 1 厘米×1 厘米×0.3 厘米的小块，浸入沸水中 2～3 分钟后冷却备用。

(2) 辣椒酱的制备　将红辣椒用粉碎机磨成细粉，按100千克辣椒粉，加20波美度的盐水600千克的比例浸泡，并经常搅拌使其成酱状。

(3) 蚕豆曲的制备

①洗净、浸泡。用自来水洗去蚕豆上的泥土及其杂质，在常温下将蚕豆放进自来水中浸泡8～12小时，以表皮开裂，易于去皮为宜。

②去皮。采用人工剥皮或橡胶双辊筒轧豆机去掉蚕豆的表皮。

③将小麦粉放入锅内干蒸，时间为50分钟，出锅后经过冷却，将结块打碎。

④制曲。将蚕豆（1000千克）和面粉（600千克）混合均匀，按0.3%的比例将米曲霉种曲撒入冷却后的蚕豆和面粉中拌匀，然后放入制曲池中摊平，厚度为30厘米，入池品温保持在30～32℃，曲室温度保持在33～35℃，相对湿度保持在90%，制曲过程中温度控制在36～40℃，当品温达到42℃时进行第一次翻曲，此时，蚕豆表面已长有少量菌丝，翻曲后通风使品温降至35～36℃。以后，每当品温上升到40℃时，就通风降温到35～36℃，在第一次翻曲后的6～7小时进行第二次翻曲，并打碎结块。此次，蚕豆基本长满了菌丝，第二次翻曲后再培养6小时即可出曲，整个制曲时间为48小时。

(4) 固态低盐加辣发酵　原料配比为：豆瓣曲200千克，水80千克，辣椒酱150千克，保温发酵后补加23波美度的盐水280千克。

先将辣椒酱与水加热到60℃，再与豆瓣曲搅拌均匀，落入发酵池内，用铲压平，上盖清洁白布一层，布上每池加食盐50千克（可反复使用），防止品温发散及杂菌侵入。发酵期间的温度维持在40～45℃，8天后取出，加入23波美度的盐水，充分混合均匀，在室温中发酵3～4天，即得成熟酱醪。

（5）精制　按豆瓣辣酱55千克、南瓜块18千克、鲜酱油24千克、白砂糖3千克的比例，在夹层锅将上述配料搅拌混合均匀，再加热到80℃，保温10分钟进行灭菌。因为酱醪较黏稠，加热时温度不易均匀，所以必须不断搅拌，同时在成品酱醪中再加入0.1%的苯甲酸钠，使其彻底溶解，以防酱醪变质。

（6）包装　成品用四旋玻璃瓶包装，其容量为0.25千克。玻璃瓶要洗净并经加热后才能装入辣酱，每瓶表层要加入麻油6.5克，然后加盖旋紧。盖内衬1层蜡纸，以免麻油渗出。

（六）南瓜冰淇淋

1. 工艺流程

原料处理→配料→均质→杀菌→冷却→老化→凝冻→灌装→硬化→检验→成品→贮藏

2. 操作要点

（1）原料处理　冰淇淋生产中，原料的选择及处理很重要。要求原料必须新鲜，质量符合要求。特别是乳制品、鸡蛋，若不新鲜或存放时间过长，必将造成质量及风味的缺陷。

（2）配料　先将白砂糖、稳定剂用热水溶解，加入南瓜粉，混合均匀，然后再加入溶化好的奶油和搅打好的鸡蛋液及脱脂炼乳，充分混合后，用100目筛过滤。

（3）均质　冰淇淋产品要求组织细腻，无可见粗粒，形体柔软、轻滑、口感好。因此，必须采用均质来破碎脂肪球，提高黏度。均质压力控制在13.7～15.7兆帕，温度为60～65℃。

(4) 杀菌、冷却　杀菌不当，会造成蛋白质凝固及影响产品风味。因此，宜采用低温杀菌法，即采用68～70℃下杀菌30分钟；杀菌后迅速冷却到18℃左右。

(5) 老化　老化的目的是使脂肪固化，稳定剂充分与水结合，提高混合原料的黏度，有利于凝冻时膨胀量的提高。为了缩短老化时间，可采用两步老化法，即先将物料至2～4℃，老化3～4小时。

(6) 凝冻　物料的凝冻温度在－4～－2℃为宜。温度过高，物料结构无一定的强度，产品粗糙，且混入的空气因温度升高而逸出，造成膨胀下降，温度过低，凝冻时间过短，流性下降，不利于成型。

(7) 灌装、硬化　凝冻好后冰淇淋可灌装进行销售，此谓软质冰淇淋。如需加工硬质冰淇淋，须将软质冰淇淋放入－40～－30℃的温度下迅速冻结，此时水分结晶小，组织柔滑。

(8) 检验、成品、冷藏　按冰淇淋的指标进行质量检验，合格者即为成品，放入冷库中贮藏。注意贮存时防止库温波动，否则会导致产品粗糙，产生砂状结构和引起产品收缩。

(七) 南瓜营养挂面

1. 工艺流程

南瓜→挑选→去皮、瓤、籽→酶法液化→南瓜浆→和面(面粉，计量)→熟化→压片→切条干燥→切断→包装→成品

2. 操作要点

(1) 南瓜浆制备　挑选取九成熟、无霉烂的南瓜，利用清水洗净，去皮、瓤和籽，切成小块，采用破碎工艺制成糊状，利用维生素 C 调节 pH 为 4～4.5，加入适量酶制剂(果胶酶)。物料加热到50℃左右，混合均匀后处理约 30 分钟，操作时缓慢搅拌物料。然后迅速加热到 90℃，保温 20 秒左右，再用纯碱调节浆液 pH 为 6～7。

(2) 和面　将面粉计量后放入和面机中，再按一定的比例加入南瓜浆及面条添加剂，充分搅拌均匀。应注意的是，生产南瓜挂面和普通挂面有一点不同，即和面时不加碱，以免南瓜中的营养成分损失。

(3) 熟化　将从和面机中出来的经均匀搅拌的面团，送入熟化机中充分醒发（熟化）面筋。熟化后的面团经过轧面机的轧辊轧成厚薄均匀的面片。

(4) 切条、干燥　面片经切条机连续切成适当的面条，送入烘房进行干燥，可自然条件下干燥，使湿面条（水分约35%）干燥成干面条（水分约 14%）。

(5) 切断、计量、包装　干燥后的挂面下架，按常规方法进行切断、计量、包装制成长为 18 厘米的挂面。

(八) 低糖南瓜果酱

1. 工艺流程

南瓜→选择→清洗→切分去皮、瓤、籽→破碎→预煮→打浆→调配→浓缩→灌装→杀菌→检验→成品

2. 操作要点

(1) 南瓜选择　选取色泽金黄、无病虫害、未受污染的成熟老瓜。原料进厂后，要堆放在干燥通风的库房内，避免与烟、煤及水接触，一般在常温下可贮藏 3～6 个月。由于

南瓜硕大，搬运时要轻拿轻放，以免碰伤压伤。

（2）清洗、切分　将南瓜放入清洗池内，用符合饮用水标准的自来水清洗表面的泥土，然后利用不锈钢将南瓜切分成4瓣，去皮、掏净瓜瓤、瓜子、再清洗干净。

（3）破碎　将切分后的瓜瓣放入破碎机中，破碎成直径为1.5厘米大小的瓜丁。

（4）预煮　破碎后和物料经刮板升运机送入预煮机中，在30～60秒钟内升温到80℃，使其酶类钝化失活，保持了原料在加工过程中不变色，也保证了果胶物质的含量，这对防止南瓜果酱析水有重要意义。同时，预煮还能排除原料组织中的空气，提高成品的真空度。

（5）打浆　预煮后的瓜丁打浆机，打浆机高速旋转的打浆轮使瓜丁迅速成为浆液状，再通过筛网分离，使浆液细度达到直径小于0.4毫米。

（6）调配　打浆后的原料经泵送入调配罐中，与各种辅料调制的调味液混合，搅拌均匀后，就能赋予主料丰富的口感，添加的甜味剂不是糖，而是利用蛋白糖代替常规糖。糖酸比按14∶1，稠、不析水、不流散为特征，可添加0.3%的羧甲基纤维钠。为提高果酱的保质期也可添加0.05%的山梨酸钾。

（7）浓缩　调配好的瓜泥泵入真空浓缩罐中，蒸汽压力控制在0.1兆帕左右，料温约60℃，罐内真空度约为80千帕，浓缩时间为3～6分钟，可溶性固形物约7%时，迅速出锅。

（8）装罐　玻璃罐洗净后，连同盖子一同送入消毒柜中，经90～100℃蒸汽消毒20分钟，取出后沥干水分备用。灌装时要求热灌装温度高于60℃，少留顶隙，迅速封好盖子，严防南瓜酱沾在罐口及罐外壁。

(9) 杀菌、冷却　密封后立即将南瓜酱送入消毒柜中进行杀菌，杀菌温度为 95～100℃，时间为 20 分钟。杀菌结束后利用水淋式冷却装置将罐温降至 40℃左右，然后自然降温。经检验合格者即为成品。

3. 成品感官指标　色泽金黄、质地细腻，浓厚，在平面上不流散，南瓜特有的香味，酸甜适宜，不腻口。

(九) 南瓜全粉加工技术

1. 工艺流程

南瓜→清洗消毒→去皮、籽→切片→漂烫→烘干→粉碎过筛→包装→成品破碎→磨浆→过滤→喷雾干燥→包装→成品

2. 操作要点

(1) 选料　选用肉质金黄、无变质霉烂的老熟南瓜为原料。

(2) 清洗消毒　用清水将南瓜洗净后投入 0.1%～0.2%的高锰酸钾溶液中消毒 3～5 分钟。

(3) 漂烫　南瓜经过去皮、去瓤、去籽后，切成 2～3 毫米的薄片，将其投入 90℃的热水（加 0.15%柠檬酸护色）中热烫 60～90 秒。其作用是加速干燥、钝化酶和杀菌。然后取出后沥干水分。

(4) 烘干　将沥干的南瓜片送入温度为 60～70℃的烘房中进行干燥，至水分含量为 10%即可出料。

(5) 粉碎过筛　用万能粉碎机将烘干的干块粉碎后过 120 目筛，然后迅速进行包装。

(6) 喷雾干燥　将经过去皮去籽的南瓜破碎后，送入均质机中进行均质，使南瓜磨成细浆状，然后用喷雾干燥法进

行干燥，进料浓度为18%～33%，进风温度为135℃，出口温度为37℃。为防止吸潮，产品立即进行包装。

3. 成品质量指标 产品色泽淡或金黄色，具有南瓜天然的清香味，粒细小，均匀。

（十）南瓜丝夹心糖

1. 工艺流程

南瓜→清洗→去皮、种子和瓤→切块→刨丝→瓜丝糖制→糖块制作→包装→成品

2. 操作要点

（1）原料选择及处理 选用色泽金黄、肉质厚、纤维少、含糖量高的老熟南瓜为原料。先用清水将其表面洗净，然后用刀去皮、去瓤和种子，并切成块状，利用刨丝机制成长3～4厘米、直径0.25厘米左右的细丝。

（2）瓜丝糖制 将瓜丝倒入锅中，加入瓜丝原料重量50%的蔗糖、2%的奶粉和少量水，搅拌均匀，然后开始加热，并不停搅拌。拌炒至物料结成团块黏结状时，加入瓜丝重量0.3的柠檬酸（预先以少量水溶解），拌匀后停止加热，即得糖制瓜丝。

（3）糖块制作 趁热将糖瓜丝移至撒有一层蔗糖粉的操作台上，将物料摊压成薄层，表面上涂一层浓厚的南瓜果酱，在果酱上再压1层糖制瓜丝，上撒一层蔗糖粉，压制成1.5厘米左右厚度的均匀薄块，切成4厘米长、2厘米宽的小块，送入烘炉，在65℃下烘至水分降到18%～20%，即制成南瓜丝夹心糖。

（4）包装 每小块南瓜丝夹心糖先以糯米纸包裹，再以玻璃纸包装，外用加商标的食品塑料袋，可按100克、250克或500克等多种规格包装，即可出售。

（十一）南瓜饼干

1. 工艺流程

粉类原料→计量→过筛→调粉（经过处理的各种辅料）→静置→辊轧→成型→烘烤→冷却→包装→成品

2. 操作要点

（1）原辅料处理　将麸子、麦芽粉碎并过 60 目筛，将米粉、南瓜、面粉混合均匀。

将糖浆加热过滤，控制温度为 70℃左右，置室温保存，冬季也应将油加热到 40～45℃，夏季室温于 25℃时，油不必加热。

（2）调粉　将鸡蛋液、奶粉、食用粉、水、热糖浆、碳酸氢铵和碳酸氢钠倒入和面机中，充分搅拌均匀（15～30 分钟即可）。面团要求具有可塑性，有拉力而无弹性。

（3）静置、辊轧　面团辊轧前需要进行静置醒发，以消除面团的内应力，改善并提高制品的工艺性能。按一般生产经验，面团温度为 40℃时，需要醒发 10～20 分钟。醒发后的面团送入辊轧机中，将其轧成厚薄均匀、形态整齐、表面光滑、质地细腻的面片。

（4）成型、烘烤　将辊轧后的面片成型后直接进入烤炉中进行烘烤。初入炉时用中温炉火，然后再用高温持续烘烤，炉温一般为 180～250℃。经烘烤好的饼干膨香。

第六章 西葫芦

一、概述

西葫芦（Cucurbita pepo）又名美洲南瓜，葫芦科，南瓜属。一年生草本植物。西葫芦原产北美洲南部，19世纪中叶中国开始栽培，在世界各地均有分布，欧洲、美洲最为普遍。西葫芦中含有瓜氨酸、腺嘌呤、天门冬氨酸、巴碱等物质，且含钠盐很低，是公认的保健食品。西葫芦具有促进人体内胰岛素分泌的作用，可有效地防治糖尿病，预防肝、肾病变，有助于肝、肾功能衰弱者增强肝肾细胞的再生能力。除此之外，西葫芦还具有消除致癌物（亚硝胺）突变的作用。

西葫芦按植株性状分三个类型：

矮生类型：主要品种有阿尔及利亚引进的花叶西葫芦，东北地区栽培较多的站秧西葫芦和中国北方栽培的一窝猴葫芦。

半蔓生类型：很少栽培。

蔓生类型：主要品种有北京地方品种长西葫芦和甘肃地方品种扯秧西葫芦。

二、采收

西葫芦是以嫩瓜为产品的蔬菜，尤其是前期产品价格较高更应早采收。西葫芦如果根瓜不采收，第二条瓜不长，甚至要化掉，所以根瓜重量达到250克左右时即应采收。

采收时应观察植株长势和结果情况，长势弱的植株应尽量早摘，以免坠秧。旺长的植株，上部雌花较多，可适当早摘。个别植株有徒长现象，应适当晚摘，借以调节营养生长和生殖生长的平衡。

如是棚栽西葫芦，最好在早晨揭开草帘后立即进行，既可保证产品鲜嫩，又便于零售。

三、贮藏

1. 品种选择 冬西葫芦的主要品种有Buttercut、Hubbard、TableQueen（卵形）等，其中Buttercut最受欢迎，10℃可贮2～3个月，Hubbard 10～13℃可贮6个月，TableQueen 10℃可贮40～60天。

直把黄、弯把黄、矮生白、小西葫芦和其他软皮西葫芦在未成熟时采收食用品质最好。其中小西葫芦比较耐贮藏。

2. 贮藏特性 西葫芦嫩瓜食用品质最好，但极易腐烂，成熟度低的小瓜比成熟度高的大瓜更易腐烂。西葫芦是冷敏蔬菜，低温下会受到冷害，冬西葫芦（笋瓜）＜10℃会产生冷害现象，适宜贮藏温度为10～13℃，湿度50%～70%，贮藏期3～6个月；矮生西葫芦一般不作长期贮藏，用于短贮或运销保鲜。矮生西葫芦宜采用塑料膜打孔或挽口贮藏，只需保湿，不必气调。矮生西葫芦在＜5℃条件下产生冷害现象，适宜的贮藏温度为5～10℃，但低氧效应不大；湿度95%，贮藏期10～15天。贮藏期间要注意防腐与通风换气。

3. 贮藏方法 西葫芦瓜皮脆嫩，所以在采收、分级、包装、运输过程中，会因积压碰撞和刺伤引起损伤，损伤的瓜皮呼吸作用加快，很容易引起病菌侵染而使瓜腐烂，采收和包装时要轻拿轻放，严禁碰伤。然后按级别用软纸进行逐个包装，放在筐内或纸箱内，临时贮藏时要尽量放在阴凉通风处；有条件的可贮存在适宜温度和湿度的冷库。在冬季进行长途运输时，还要用棉被和塑料布进行密封覆盖，以防冻伤。

西葫芦也可以老瓜贮存。当西葫芦果实老熟后，果皮变得坚硬时采摘，堆放在阴凉通风的室内贮藏。

四、加工

（一）奶油西葫芦蓉罐头

1. 工艺流程

原料→洗涤→挑选→切除蒂柄、去皮→剖半、去籽巢→浸漂→蒸烫→切条→绞碎→熬煮→配制调味汁→混合→装罐→密封→杀菌、冷却

2. 操作要点

（1）原料　采用新鲜幼嫩、不过熟、无病虫害、无霉烂者。原料进厂后，按标准要求逐筐进行验收，选用长 12～16 厘米以下，粗 5～6 厘米以下的，按先后次序堆放好。进厂原料必须在 36 小时内加工完毕。

（2）洗涤　将西葫芦在流动清水中逐条清洗干净，彻底去除附着表皮的泥沙及杂质。

（3）挑选　剔除粗老、病虫害、霉烂变质和严重机械伤者，如表皮色泽不同的，应分别放置另行加工。

（4）去除蒂柄、去皮　用不锈钢刀切去蒂柄、瓜萼，刨去表皮，挖出凹陷或疤痕部分。

(5) 剖半、去籽巢　用刀将西葫芦对剖成两半，再用小不锈钢铲掏净籽巢。

(6) 浸漂　将剖半后的西葫芦片浸没于1%食盐水中约5分钟，翻动1～2次，然后捞起在流动清水中浸洗。

(7) 蒸烫　将西葫芦片盛于钢丝盘上，在100℃下蒸烫30～40分钟。

(8) 切条　将蒸烫后的西葫芦片切成条状，弃去疤痕、虫害、严重机械伤等部分。

(9) 绞碎　经蒸烫、切条后的西葫芦，通过筛孔直径为2～3毫米的绞碎机。

(10) 熬煮　西葫芦蓉在夹层锅内熬煮，浓缩至含干燥物为7%，要求经常搅拌，以免发生焦糊现象。

(11) 配制调味乳汁　将事先稍经烘干或炒拌的精面粉，在不断搅拌下，徐徐加入溶化的奶油中，然后再加入牛奶、食盐和砂糖。混合物在不断搅拌下，煮沸2～3分钟，即可出锅（表6-1）。

表6-1　生产1 000罐净重为340克和312克所需调味汁配料表

名称	百分比（%）	用量（千克）	
		340克	312克
牛奶	70	59.90	54.60
精面粉	5	4.25	3.90
砂糖	3	2.55	2.35
奶油	20	17	15.60
食盐	2	1.70	1.55
合计	100	85.00	78.00

(12) 混合　按西葫芦蓉75%与调味乳汁25%的重量比

例，置于双层锅或搪瓷桶中，经充分搅拌均匀，即为奶油西葫芦蓉。

(13) 装罐　采用776号或860号涂料罐，经清洗消毒后，趁热（75～80℃）装入奶油西葫芦蓉312克到340克。

(14) 密封　边装罐边封口，逐罐检查，合格者用热水擦罐后即送杀菌工序。

(15) 杀菌、冷却　装填的罐头，封口后应及时杀菌，其间隔时间不得超过30分钟。杀菌后冷却至水温40℃左右即可出锅，擦罐涂抹防锈油，进库保温。

(二) 番茄汁西葫芦酱罐头（供糖尿病患者用）

1. 工艺流程

原料→挑选→洗涤与切割→漂烫→绞碎→熬煮→炸大葱→切青菜→制酱→装罐→密封→杀菌、冷却

2. 操作要点

(1) 前处理　方法与要求同前。

(2) 炸大葱　将大葱用精炼植物油炸至呈淡金黄色。

(3) 切青菜　拣去黄叶，洗涤干净的青菜用刀剁碎。

(4) 制酱　将西葫芦蓉装入双重锅或搪瓷桶内，按配料比例加入番茄酱、青菜、大葱、食盐和植物油，然后将混合物充分搅拌均匀，备用（表6-2）。

(5) 装罐　空罐采用776号或860号涂料罐，每罐装80～85℃茄汁西葫芦酱312克或340克。

(6) 密封　装罐后即进行封口，逐罐检查，封口良好罐送杀菌工序。

(7) 杀菌、冷却　要求自封口至杀菌时间的间隔不超过半小时。

表 6－2 番茄汁西葫芦酱罐头材料用量及百分比

名　称	百分比（%）	用量（千克）	
		340 克	312 克
西葫芦蓉	89.6	304.64	279.55
30%番茄酱	3.6	12.24	11.23
青菜	0.5	1.70	1.56
大葱	1.8	6.12	5.62
食盐	0.8	2.72	2.50
精炼植物油	3.7	12.58	11.54
合计	100.0	340.00	312.00

（三）西葫芦果脯

1. 工艺流程

选料→切条→浸矾→灰漂→水漂→烫漂→糖渍→煮制→浓缩→冷却→包装→成品

2. 操作要点

（1）选料　选用成熟度适宜的西葫芦，过嫩过老都不适用。

（2）切条　将西葫芦用清水洗净后，刮去皮瓤，然后切成 5 厘米×1 厘米×1 厘米的长方块形。

（3）浸矾　将切好的瓜条放入浓度为 1%～2%的白矾水中，浸泡约 3 小时捞出。

（4）灰漂、水漂　捞出瓜坯再放入浓度为 3%～4%的石灰水中浸泡 3～4 小时，最后用清水反复漂洗，至无石灰味后捞出。

（5）烫漂　水沸后将洗净的瓜条倒入，再煮沸，搅拌均匀，经烫漂后捞入冷水中冷透。

（6）糖渍　将瓜条捞出，沥干水分，放入事先配好（占总用糖量的70%）的绵白糖溶液中糖渍3天左右，直至糖分渗入。

（7）煮制　将糖液和瓜条一同入锅加热煮沸，搅拌翻动，加入白糖（占总用糖量的20%）再煮沸，热闷36～48小时，再加入白糖（占总用糖量的10%）煮沸，然后再糖渍2～3天，即可。

（8）浓缩　将煮好的瓜条用原糖液加热煮制，火力不宜太强，同时要注意不断翻动，熬至糖液拉丝时即可停止。

（9）冷却　将浓缩后的瓜条在锅中趁热加入0.05%～0.1%的山梨酸，然后捞出，沥去多余糖液，放在事先涂好防沾油的案板上，翻动拨开，晾成硬块。

（10）包装　将制品分别装入塑料薄膜食品袋，然后密封即为成品。

3. 产品特点　呈黄褐色，质地柔软，香甜可口。

（四）腌西葫芦

1. 工艺流程

原料处理→腌制

2. 操作要点

（1）新鲜肉厚的西葫芦，如是老的西葫芦便要削去外皮，用刀切成两半，掏出瓜瓤，装入清水洗干净的坛子内，把盐撒上面，加清水1千克。

（2）第二天开始倒缸，连续倒缸4～5天，使盐溶化，盐水淹没西葫芦。如盐水未没过，可另加适量淡盐水。盖严缸盖，每日晒缸几小时，一周后可以食用。

3. 产品特点　清脆可口。

第七章 甜瓜保鲜与加工

一、概述

甜瓜又名香瓜。葫芦科，甜瓜属。一年生蔓性植物。果实香甜，富含糖、淀粉，还有少量蛋白质、脂肪、矿物质及其他维生素。据联合国粮农组织（FAO）统计，14 年（1975—1989）内全世界甜瓜总产量的增长率（68.3%）均高于世界 5 大水果（葡萄、香蕉、柑橘、苹果、西瓜），尤其像日本、美国经济发达国家甜瓜面积增幅很大。

瓜类都是喜温耐热的作物，甜瓜耐热性更强。除了寒冷地带和海拔 2 000 米以上高寒地带之外。历来中国南北各地都可进行甜瓜露地栽培。有些条件不太适宜的地方还可以进行大棚栽培。

二、采收

(一) 甜瓜成熟的标准

1. 颜色 果实叶绿素消失，或部分消失，或绿色变淡，出现黄色，或黄绿相间的条纹或花斑，或白色。

2. 碳水化合物 可溶性固形物明显增加，特别是蔗糖的大量合成，果实味道和质地发生改变。原果胶变成可溶性果胶，质地变软。

3. 挥发物质 成熟的甜瓜除乙烯外，挥发性物质还有乙醇、乙醛、乙酸乙酯等。

成熟度过高的甜瓜，不耐贮藏，成熟度适宜的瓜较耐贮藏。立即上市销售的甜瓜，宜九成熟采收，贮藏用的甜瓜，以八成熟采收为好。

（二）采收技术

采收果实要按品种特征、气候、运输距离，立即上市或贮藏等因素分批采收，不能一次采收完。立即上市的，宜采九成熟的；贮藏和远距离运输的，以八成熟为佳，采前至少一周不能浇水。

出口特需或贮藏用瓜，要求严格，采收时约留 2 厘米果柄。采下的瓜要轻拿轻放，尽量避免摩擦，一般上市销售的瓜是大宗商品，采收也应严格要求，鲜瓜在采后腐烂的原因有三：一是机械损伤；二是病菌传染；三是生理病害，尤以机械损伤最为常见，是果实腐烂的最主要原因，一旦受伤，细菌趁机侵入，果蔬呼吸作用加强，生理衰老随之变剧。

采收要在早上进行。切忌雨大或雨刚停后采果，更不能把采下的果实立即包装，否则果实会腐烂变质。

（三）采收期与甜瓜贮藏性的关系

甜瓜因品种不同果实成熟所需要的时间差异很大。采收时间是否妥当直接关系到果实的耐藏性。如哈密瓜炮台红是晚熟品种，不同采收时间瓜腔内氧和二氧化碳浓度有差异（图 7-1）。

由图 7-1 可知，花后 55 天采收的甜瓜，瓜腔内氧浓度比花后 61 天采收的高，而二氧化碳浓度则相反，也就是说，花后 55 天采收的瓜，二氧化碳浓度比花后 61 天采收的低。果实采收后备贮藏期间，瓜腔氧浓度不断下降，花后 55 天采收的甜瓜比 61 天的氧浓度下降得慢；而二氧化碳浓度则相反：贮藏期间二氧化碳浓度不断增高，而且 61 天采收的甜瓜比 55 天采收的二氧化碳浓度升高明显地快，在一定程度上出现了无氧呼吸，这样气体成分的变化表明，晚采的（61 天）甜瓜果实不如早采的（成熟度适中）耐贮藏。

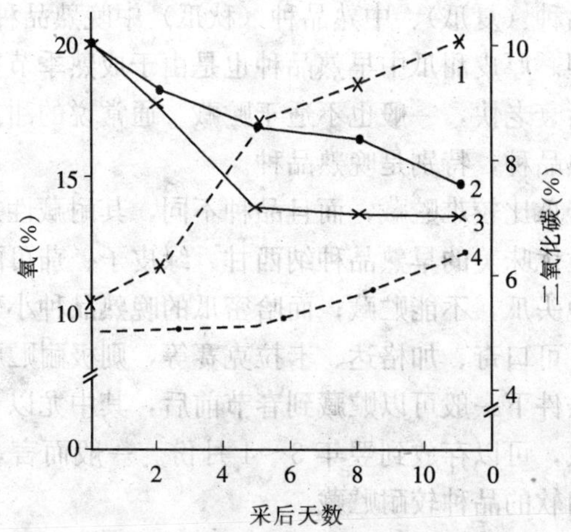

图 7-1　不同采收期炮台红瓜腔内氧和二氧化碳分压变化

花后 55 天采收　1. 二氧化碳　2. 氧

花后 61 天采收　3. 氧　4. 二氧化碳

三、贮藏

（一）采前因素对其贮藏性的影响

1. 品种　甜瓜按果皮可食与否分为薄皮甜瓜和厚皮甜瓜两大类型。皮可以吃的为薄皮甜瓜，皮不能吃的为厚皮甜瓜。成熟的薄皮甜瓜，如梨瓜、黄金瓜等，采后应立即上市销售。这是因为薄皮甜瓜成熟时间在炎热的夏季，加上该品种的生理特性，采收后容易衰老、腐烂变质，同时震荡局裂，不耐运，所以一般都不贮藏它。一般来说，厚皮甜瓜皮厚，比薄皮甜瓜易于贮藏，但是不同品种的生育期长短差异较大，早熟品种如黄蛋干 80～90 天就可以成熟，青麻皮品种生育期长达 120 天以上。若按生育期长短，厚皮甜瓜可分为早熟品种（夏瓜）、中熟品种（秋瓜）中晚熟品种（冬瓜）三个类型。厚皮甜瓜中早熟品种也是由于成熟季节炎热和品种采收后衰老快，一般也不适于贮藏。通常说的甜瓜贮藏是指中晚熟品种，特别是晚熟品种。

哈密瓜比较难贮藏，而且品种不同，其耐藏性差异也很大。如质优味美的早熟品种纳西甘、绿皮子、茄可酥等，人们称它地头瓜，不能贮藏；而哈密瓜的晚熟品种小青皮、青庆红肉、可口奇、加格达、卡拉克赛等，则极耐贮藏，产地在常温条件下一般可以贮藏到春节前后，其中尤以卡拉克赛最耐贮藏，可以存放到翌年 3～4 月份。一般而言，果肉脆的比果肉软的品种较耐贮藏。

2. 田间管理 田间管理涉及的方面比较多，都直接关系到甜瓜的优质丰产。甜瓜是喜肥作物，不仅需要足够的肥料，而且肥料的营养元素，特别是氮磷钾的用量、比例都很重要。只要肥料的用量比例和施用时间适当，甜瓜就能优质高产，这样的甜瓜也耐贮藏。如果氮肥用量过大，施用时间较晚，甜瓜虽然高产了，但这样的甜瓜品质差，也不耐贮藏。作为贮藏用的甜瓜，不宜雨后采收，如果瓜田灌水，则至少灌水 1 周后才能采收，绝对不能在灌水后立即采收。甜瓜病虫害防治及时，采收的甜瓜带病菌就少，减少了甜瓜在贮藏期间病菌感染的机会，这样对贮藏也是有利的。

3. 晒瓜对甜瓜贮藏性的影响 厚皮甜瓜晚熟品种是适

于贮藏的品种，但采后应作适当处理。如白兰瓜采后经过消毒处理，贮藏在常温窖（库）或控温窖（库）。新疆贮藏哈密瓜，民间把采收运回来的育麻皮、小育皮等，在瓜窖前的空场上晒一段时间，有的就在瓜田旁边的平地上晒瓜（图7-2），到霜降后（10月底或11月初）选好瓜入窖。

但是晒瓜时间过长（20多天），瓜损耗太大，能入窖贮藏的瓜只占总瓜数的1/3～1/2，相当数量的瓜在晒瓜时陆续被淘汰。晒瓜时间太长，增加了瓜的腐烂损耗率，加速了瓜的衰老。冬甜瓜个大，皮脆，采收、装卸、搬运时稍不留心，容易擦破瓜皮，擦破的伤口便是病原微生物侵入的窗口。如果短短晾晒2～3天，可促进伤口愈合，防止或减少病原微生物的侵染机会，对甜瓜贮藏是有益的。

图7-2 晒 瓜

(二) 甜瓜贮藏期间的呼吸强度变化

甜瓜和其他水果一样，一般是早熟品种的呼吸强度高于晚熟品种，不耐贮藏品种的呼吸强度高于耐贮藏酌品种（图 7-3）。甜瓜中熟品种红心脆和晚熟品种密极甘在贮藏过程中的呼吸强度，总的是由高向低不断下降，但下降过程也有差异。新采收的红心脆果实呼吸强度高，贮藏以后呼吸强度下降很快，只贮藏 12 天，瓜部开始变软。密极甘在贮藏开始呼吸强度低，以后呼吸强度不断上升，出现呼吸高峰，呼吸强度升高，说明甜瓜开始衰老，之后呼吸又下降。

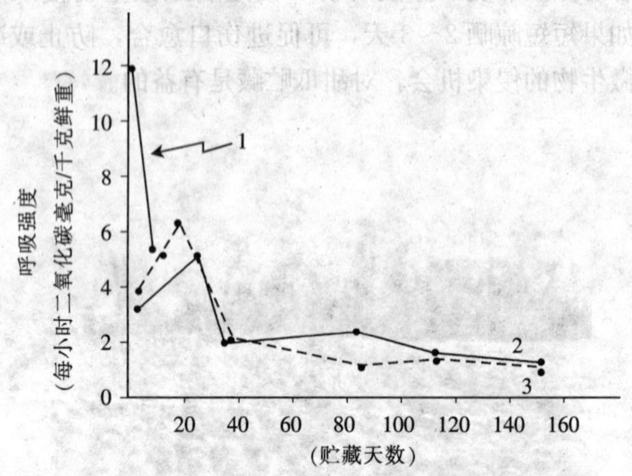

图 7-3 哈密瓜贮藏期间呼吸强度变化

1. 红心脆 2. 蜜极甘（1973 年） 3. 蜜极甘（1974 年）

(三) 贮藏期主要病害及防治

1. 甜瓜的主要病害特征和病原菌

（1）软腐病及病原菌 该病多发生在果柄及伤口处，初期呈 3～4 厘米水渍状圆斑，当贮温高于 10℃时，不到一周病部大面积塌陷，直径达 7～8 厘米，严重时蔓延全瓜 1/5。病斑表面初呈灰白色至灰褐色菌丝，肉眼可见针头状子实体。病部果皮脆弱，一碰即破，果肉组织崩溃液化，是甜瓜贮藏前期和运输途中最主要的病害。

（2）黑斑病及病原菌　病斑初期为直径 0.5～1 厘米浅黄褐色略塌陷的圆斑，之后果皮凹陷，病部果皮变黑直径达 2 厘米左右，表面呈灰白色，之后为灰绿色呈灰黑色霉层，病部果肉呈海绵状黑色团块，深入果肉 1～2 厘米，病部水浸状与健康部彼此脱离，是贮藏后期和冷藏车运输中的主要病害。

（3）白霉病及病原菌　病斑最初呈直径 2～3 厘米塌陷的淡褐色圆斑，果皮开裂，裂缝中常出现白色霉丛，一周左右病斑扩大至 5～6 厘米，周围水浸状，中心为白色，以后为淡黄色或粉红色霉层，霉层绒垫状，菌丝较紧密，病部果肉充满菌丝呈海绵状团块，颜色大多不变，一般深 2～3 厘米，有时直至果腔，病部与邻近健康部果肉脱离，病部果肉失去甜味，当果肉呈紫红色时，其味变苦。

（4）青霉病及病原菌　病部呈水浸状圆斑，略凹陷，以后逐渐扩大，病斑中心的伤口或裂纹处出现白色菌丝，后期在病斑表面出现淡绿色或蓝绿色分生孢子，在贮藏期间该病常与黑斑病伴生。

2. 主要的防治方法

（1）病害传染途径　甜瓜采后优势菌的浸染途径，研究者认为软腐病病菌（*R. stolonifer*）和青霉病病菌（*P. viridicatum*）主要通过伤口侵入组织内部，青霉病病菌还能通过病瓜和健瓜的接触而造成传染，黑斑病病菌（*A. alternata*）不仅在田间可以完成潜伏侵染，而且采后还可以通过气孔或细胞间隙进入甜瓜组织内部。贮藏环境的低温能明显抑制软腐病和青霉病对甜瓜的侵染，10℃以下的低温甚至可以使侵入组织的软腐病不发病，在0℃条件下还能使软腐病病菌孢子失去活力，但在0℃左右的低温对黑斑病的抑制作用很小，同时，黑斑病还能诱导青霉病形成次生侵染。因此，低温条件贮藏甜瓜防止黑斑病显得很重要。温度高、湿度大能加快病菌的侵染和危害。

（2）抗菌剂在甜瓜上的应用　将准备贮藏的甜瓜用0.1%特克多溶液浸果1分钟，取出晾干后贮藏，结果证明，经药液处理的甜瓜，贮藏2个月，商品率为90%以上，3个月为66%～72%，具有一定的使用价值。

YMC是一种新型防腐剂，呈白粉状，是一种广谱、高效、低毒的内吸型防腐剂，蒲彬等采用不同浓度溶液处理哈密瓜炮台红，结果表明，YMC对甜瓜的防腐效果是明显的。不仅能减少瓜的腐烂率，而且还可以减轻瓜的腐烂程度。在窖温为0～7℃时，相对湿度为86%～94%的范围内，用500毫克/升和700毫克/升的浓度处理的炮台红贮藏89天，腐烂率均为2.5%，贮藏100天，腐烂率分别为15%和17.5%，比对照好瓜率提高1倍以上，同时推迟了甜瓜的初始腐烂期。

（四）贮藏方法

1. 简易贮藏窖　简易贮藏主要包括半地下窖和地下窖等，其特点是结构简单，建窖用的材料少，费用低，可以根据各地情况灵活选定，如新疆的瓜农用平房存瓜。东疆和甘肃用半地下窖以及吐鲁番等地用地下窖，都是一种符合贮藏要求又能与广大农村、县城及一些城区的条件相适应的。窖内主要依靠自然温度调节。有一定的局限性，但劳动人民在用这些窖上有悠久的历史和丰富的经验，所以至今仍是甜瓜的主要贮藏方式。

（1）设施

①半地下瓜窖。是新疆广大农村贮藏甜瓜使用最久的窖型之一，通常窖深1.8～2.5米，长10米不等，宽约3米，土块砌成弓形窖顶，根据窖的尺度在顶部开几个通气孔，通气孔用砖砌成，高出窖顶约50～60厘米，方形约25厘米×25厘米，有的在窖的两端靠近地面处设一个大小约30厘米×40厘米的通气孔，以便在气温高时通风换气，调节窖内温度。

②全地下窖。在瓜产区有，但数量较少。全地下窖分两种：一种是深挖土层3米多，然后盖顶，再盖上50厘米以上保温层，顶部和尾部设通气孔。大小、形状和半地下窖相同。另一种是深挖土5米，挖出窖口，横向掏挖窖身。窖身长10米，然后在窖尾部砌出50厘米×50厘米的通风口，其保温性能比半地下窖要好。窖温比半地下窖低3～4℃，严冬季节，窖温较高，甜瓜不会冻伤。

（2）贮藏方式　贮藏窖一般为半地下式，有吊挂贮藏与搁板架藏两种方法。吊挂贮藏的优点是通风好便于检查，方法简易。用三根粗约1厘米的绳索或2厘米宽的帆布带，悬挂在窖顶，每隔50厘米打一个结，每一个结放一个瓜，果柄朝下，每一吊绳可挂3个瓜。搁板贮藏，是根据窖高做固定木架或铁架，架宽50厘米，架长不定，每50厘米为一隔，铺放木板，瓜置木板上一层，定期翻转检查。

（3）贮藏期间库内温度、湿度和通风管理　适宜的贮藏温湿度是保持甜瓜优良品质、减少腐烂和延长贮藏期的重要条件。不仅对自然温度库（包括棚窖、通风库、地下库）是这样，对机械冷藏库也是如此。甜瓜贮藏库温度、湿度和通风管理是一项很重要的工作。

自然温度库的通风降温按季节可分为三个阶段。

①秋季。北方地区白天和夜间气温有一定差别，初入窖的甜瓜，果温和窖温均高，呼吸作用旺盛，加上甜瓜带入的田间热量使窖温升高。这时利用通风设备，把外界的低温引入窖内，降低窖温和果温。

②冬季。气候寒冷，甜瓜经过秋季一段时间的贮藏，已经或接近适于贮藏温度。这时的管理主要是保温防冻。特别要注意防止冷空气突然进入窖内，伤害甜瓜。窖内的通风换气应在白天中午气温较高时进行。换气时间不宜过长，通风次数也要比秋季少。

③春季。立春以后，气温和土温回升较快，这时的管理主要是防止窖温升高。白天气温高时把窖的门窗和通气孔全部堵塞，夜间外界气温比窖温低时，打开门窗和通气孔，进行气体交换，尽可能使窖温保持较长时间的低温，以延长甜瓜贮藏时间。

通风换气除了降低窖温外，还可以把库内不适合甜瓜贮藏的气体，如乙烯等排出库外，以利于甜瓜贮藏。机械冷藏库和气调库密封性能好。前者用风机更换库内空气，后者除了调节库内氧和二氧化碳浓度比例外，也要采取措施清除库内对甜瓜贮藏不利的气体成分，净化空气。

湿度是影响贮藏甜瓜品质的重要因素之一。湿度低，甜瓜自然消耗多，严重时，甜瓜失水萎缩，影响商品价值。由于库内通风换气，使贮藏库内湿度下降，所以要给库内适当加湿，一般空气相对湿度以80%～90%为宜。

总之，甜瓜贮藏初期更注意降温，贮藏后期要降低湿度，可以减少贮藏期间的腐烂损失，延长贮藏期。

2. 冷库贮藏 冷库是发展中国家今后一段时间内要重点发展的瓜果贮藏库。它是在隔热良好的库房中装上制冷装置。根据甜瓜的要求，通过机械的作用，调节库内的温度、湿度和通风换气，不受外界环境的影响。

通常冷库内没有吊挂瓜的横梁，而且吊挂贮藏也难以充分利用库容，因此在冷库内只能采用箱藏。木箱在贮藏过程中通风较好。堆箱时既要考虑有利于通风，又要考虑充分利用库容。堆底用木板垫高，架空15～30厘米，堆高10～20箱不等。在0～3℃库温下，贮藏30天甜瓜基本上不会烂损，果肉硬度大而爽口，无果顶过熟现象，果柄新鲜。经60天贮藏，甜瓜就可能发生不同程度的冷害。甜瓜遭受冷害的损失因低温程度和延续时间而定。炮台红甜瓜在1～2℃库温下，60天冷害甜瓜约占1/3；在0℃库温下，60天冷害甜瓜可达90%以上。空气湿度越大，对低温冷害更敏感一些。

商业上采用冷库箱藏，容量大时检查、翻动很费劳力。箱底和瓜接触部分湿度大，长期贮藏中最易腐烂。冷库贮藏室内鼓风，使贮藏箱之间空气流通，可提高贮藏效果。为了预防甜瓜发生冷害，库温必须根据甜瓜品种特性分别控制。晚熟种2～3℃，中熟种3～5℃。考虑采用间歇升温或逐渐降温的方法来预防甜瓜遭受冷害。

3. 减压贮藏 将甜瓜放入塑料袋内，再在袋内放少量的硅胶及亚硫酸氢钠以防腐烂。为了降低气体的绝对含量，将袋内气体抽出，使袋紧贴在瓜上。贮藏42天以前腐烂少，当到了60天时，袋内甜瓜的腐烂率显著上升。这与塑料袋的性能、窖内温度的变化及袋内气体成分，均有一定的关系。

甜瓜经过减压处理，果实能保持原有的颜色、鲜度、硬度和风味不变。但当窖温降低到5.5～2.5℃，相对湿度达80%～85%时，袋内湿度升高，袋上有水珠出现，甜瓜腐烂率增加。如能控制窖温，降低相对湿度，果实腐烂率是会下降的；所以，减压贮藏仍是一个简易可行的方法。

4. 气调贮藏 抽氧充氮可改变果实贮藏的气体环境，使果窖或果实袋内氧的浓度降低，提高二氧化碳含量，有效地抑制果实呼吸，延长果品贮藏寿命。把甜瓜装入袋内，并在袋内放少量的氢氧化钙，以吸收果实呼吸放出的二氧化碳。窖温高时每周充氮气3～5次；窖温低时充2～3次。随即测定氧的含量，使氧的含量达预定指标。每20天开帐一次，检查瓜的质量。

气调对甜瓜贮藏有明显的效果。经过66天贮藏，仅有少量腐烂，瓜的色泽好，硬度佳，有如刚摘下的瓜一样新鲜。可见，气调可以延长甜瓜贮藏时间，有效地降低腐烂率。在贮藏期间，氧控制在3%～5%或6%～8%，二氯化碳在0.5%～2%比较适宜，也就是说甜瓜贮藏时要求低氧低二氧化碳。贮藏4个月的甜瓜，鲜度、光泽、硬度均好，没有腐烂。甜瓜气调保持在O_2为3%～5%、CO_2为0%～2%或6%～8%、CO_2为0%～2%时，最为适宜。在这样的氧和二氧化碳的范围内，甜瓜可以较长时间贮藏，腐烂少，果实新鲜。

5. 硅橡胶窗气调贮藏 硅窗气调能降低甜瓜的呼吸强度，贮藏160天后呼吸强度有高于一般贮藏的趋势。硅窗气调一方面可以降低腐烂率，提高好果率，另一方面又可以推迟腐烂时间。由于硅窗可以透进氧气，排除多余的二氧化碳，因此帐内水珠很少，可防止高湿出现，微生物活动相应地减少。硅窗气调氧在10%左右、二氧化碳在2%～4%时，在窖温基本稳定的条件下，腐烂率最低。

6. 薄膜袋贮藏 赵华用温室生产的网纹甜瓜证明，采用0.015～0.03毫米厚的塑料薄膜，30厘米×30厘米低密度聚乙烯塑料袋单果包装网纹甜瓜，用打孔或不打孔的方法控制袋内1%～4%二氧化碳浓度，有效地控制了果实失水和衰老，保持良好的风味品质。塑料薄膜包装网纹甜瓜时，用克霉灵（0.2毫克/千克）熏蒸处理可有效地抑制霉菌的生长。另外的实验中证明，1%～3%二氧化碳，2.5%氧接近气调贮藏为网纹甜瓜的适宜条件。

7. 聚乙烯醇（PVA）袋贮藏 由于聚乙烯醇薄膜塑料袋（PVA）比低压聚乙烯膜透湿度大133倍，比聚丙烯薄膜大240倍，比软聚氯乙烯膜大300倍，所以聚乙烯醇袋对甜瓜贮藏期的防腐有显著效果。如炮台红甜瓜，用PVA袋贮藏32天，腐烂率只有1.8%，而一般贮藏的腐烂率高达45.7%。一袋单瓜或多瓜对蜜极甘品种的甜瓜贮藏均有减少腐烂的作用，但单瓜袋内的瓜比多瓜袋内的瓜腐烂还少，且失水少，果实也新鲜。经过190多天贮藏的甜瓜，PVA单瓜袋果实总糖含量最高。

8. 哈密瓜β射线照射贮藏法 新疆用β射线照射保鲜哈密瓜取得明显效果。β射线照射的放射源2Mev（2兆电子伏特）静电加速器，其钻箔把扫描器聚焦为1毫米，扫描长度为180毫米，照射的实际能量是1.75Mev。处理时瓜被放在扫描纽中心两侧15毫米处，在处理剂量达到一半时，把瓜旋转180°并翻转，然后继续照射到要求剂量为止。瓜被处理后及时转移到贮藏库，贮藏库温为0～14℃，相对湿度为45%～90%。哈密瓜经β射线照后的一段时间内，呼吸强度、pH值和乙醇都有增加趋势，过氧化酶被激活，乙烯和维生素C稍有减少，这种效应随照射剂量增大而增强。经β射线照射后，哈密瓜腐烂率明显下降，贮藏半年保存率仍达44%～74%，并基本上保持原有风味。

9. 便携式微型保鲜冷库技术 便携式微型保鲜冷库是由聚乙烯基发泡材料制成的可折叠便携式库体＋一体式设备＋语言在线管理技术组成，这项技术功能与传统土建式、装配式冷库相同，但使用时具有方便、实用的个性化优势，用于果蔬短期贮藏、预冷。

甜瓜于便携式微型保鲜冷库中安全保鲜40～50天，无腐烂，瓜子膨大衰老指数为45.5%，品质固形物为9.6%，食用价值良好。

四、加工

甜瓜果实香甜，富含糖、淀粉，还有少量蛋白质、脂肪、矿物质及其他维生素。甜瓜除了鲜食外，人们习惯用它制作罐头、果干、果脯、果汁、果酱及腌渍品等；不仅味美、香甜和具有甜瓜的独特风味，而且增加了食品品种，可常年销售。下面介绍几种甜瓜的加工方法。

（一）甜瓜罐头

1. 工艺流程

选料→清洗→去皮→整形→硬化→装罐→真空封罐→灭菌

2. 操作要点

（1）选料 原料选择成熟度8～9成熟，纵径120毫米，方能达到装罐的指标。

(2) 清洗　选好的瓜用喷淋水冲洗净泥污，再浸泡在0.1%的高锰酸钾水溶液中5分钟，然后捞出再用喷淋水冲洗净。

(3) 去皮　一般采取机械去皮法。

(4) 整形　依据罐头的罐形而定。首先将去皮后的瓜纵切两瓣，挖出瓜瓤，半切瓜平放用刀垂直切除窝形两端，再按瓜形放射状纵切成底宽2～30毫米的条形。

(5) 硬化　①制取硬化液。取纯净无其他杂物的生石灰块放入容器并注入水溶解，澄清后用纱布过滤。②石灰水溶液注入真空罐内，再将瓜条浸入溶液中真空抽气20分钟，工作真空度0.08兆帕以上。排气充分的瓜条应具有透明感。

(6) 装罐　经硬化的瓜条用清水冲洗后装罐，瓜条以宽面紧贴罐壁，紧密排列装满，然后添注糖液。糖液应按糖水罐头统一标准，开罐糖度以折光计为12%～16%。

(7) 真空封罐　封罐工作真空度为0.08兆帕以上，实罐的真空度为0.04兆帕以上。

(8) 灭菌　封罐后应迅速进行灭菌，100℃灭菌15～20分钟。

3. 成品要求　瓜条应具有甜瓜应有的色泽，糖水透明。具有本品应有的滋味与气味，清甜微酸，无其他异味。瓜条脆嫩适度，不绵软，块形整齐，均匀一致。

(二) 腌制甜瓜

1. 工艺流程

选料→刺孔→固化→腌制→下曲黄→倒缸→酱制

2. 操作要点

(1) 选料　剔除老熟瓜、条形过弯曲的瓜、大头小尾形的瓜、硬疤烂斑瓜及杂色瓜。要求原料新鲜，当天采摘当天送厂。

（2）刺孔　用光滑无棱的尖头签子，将选好的鲜瓜刺孔。刺孔时一手握瓜，一手持签，分三行等距垂直刺孔，直刺直拔不摆动。孔距 5～6 厘米，不过疏过密。粗大瓜可分四行刺孔，深度以刺穿瓜肉到瓤为准。在瓜的花蒂、蒂疤中间部位均刺一孔，此点尤为重要，不能刺偏，以防勒瓜时爆柠。将刺好孔的瓜顺序轻放竹篮内，置放阴凉处备用。

（3）固化　配成 20%的食盐溶液，再加入 5%的石灰泡制成灰盐水，滤去渣滓，将瓜逐篮捧放在灰盐水中浸泡一下，边浸边捞。

（4）腌制　浸泡过灰盐水的鲜瓜，顺序放入缸内，分批撒匀进行腌制。加盐原则是下层少、上层多。夜间倒缸，用盐将瓜逐条撒过，放在另一缸内，上面放竹栅加石头轻压。再注入澄清去杂的原卤，促使瓜坯排卤软化，次日清晨出缸。用原卤将缸内瓜坯洗净，放置竹篮内，沥去水备用。

（5）下曲黄　将洗净的瓜坯逐篮移放到大木盆内，条条用盐全面擦透出卤。先在缸底平铺一层曲黄，撒少许盐，将瓜紧密排列，如有漏缝用少许曲黄嵌填。然后在瓜面层均匀地撒满一层盐，特别是瓜脊上要撒到基本上看不见绿色。盐的渗透，瓜坯吸咸排出的卤由曲黄吸收。如此一批曲黄、一批瓜、一批盐（留盐 5 千克以备在倒缸时擦瓜用）全部下在缸中，最后缸面以曲黄盖住，瓜不外露。盆中擦瓜淌出的盐水全部倒于面层曲黄内。如果缸小，容纳不下，可加芦席围捆。下曲黄宜在早晨进行，操作中注意用盐适当，防止过量。曲黄层次厚薄均匀，盖顶曲黄留足。

（6）倒缸　下曲黄后经 10 小时左右进行第一次倒缸。依次将曲黄、瓜坯翻移进另一缸内。倒缸时将瓜坯上黏附的曲黄除去，放在木盆内，逐条擦盐出卤，仍平放排列，密度可稍松些。全部分层倒缸完毕，曲黄盖面，次日晨进行第二次倒缸，下午4时前后进行第三次，以此类推，程序同前。2～3次倒缸操作是决定质量的关键环节，必须精工细作。此时瓜身开始收缩，发软。如瓜与瓜之间浸卤，曲黄润湿，说明排卤流畅良好，反之是排卤不畅，必须在撒盐上多下工夫，特别是皮层不光滑、有硬块部分要擦透，否则将会伏下病根。自二次翻瓜后，瓜经排卤和曲黄的吸收，开始收缩，曲黄亦逐渐溶解。每次翻瓜必须逐条用双手一前一后握瓜，前手拇指与食指扣圆，紧贴瓜身勒过。除勒去瓜面黏附酱黄外，还可使收缩的瓜坯舒展，促使瓜坯排卤和收缩均匀，瓜纹匀整。勒瓜操作要使巧劲，两手前后移动，密切配合，切勿生拉硬勒，防止拉断成次品，大条瓜要来回勒两次。约一星期曲黄溶成糊状，瓜身收缩细而浑卤，有弹性，表皮呈蜜枣纹。可改为每天倒缸一次，宜在早晨酱温低的情况下进行。经3～4天，排卤基本停止。

（7）酱制　酱制时可每隔数日将瓜上下翻动一次。翻动方法是两手入酱内，将瓜坯抄起上下翻动，然后将曲卷瓜调直，露头瓜揿入酱内，调匀酱料，促使成熟。在酱制的全过程中，除雨天加盖外，其他时间必须敞开日晒夜溶，酱成熟后，瓜亦基本成熟。至瓜内层无白心即为成品，全过程约为半年时间。

3. 成品要求　腌甜瓜外观为条形，表皮呈蜜枣纹状，光亮鲜艳，肉质有透明感，酱香气浓郁，脆嫩鲜甜，咸度适口。

（三）厚皮甜瓜浑浊汁的加工

1. 工艺流程

采收→选果→清洗→去皮→切半→去籽巢、切分→打浆→

胶磨→配料（添加稳定剂糖、酸及其他辅料）→真空脱气→高压均质→杀菌→灌装→冷却→检验→贴标→成品

2. 操作要点

（1）采收　果实成熟度的高低直接影响生产成本和成品品质。加工用厚皮甜瓜采收期通常以果柄处即将形成离层时为判断标准，此时果面微黄、香气初显、果肉尚硬。此外，采收时最好带果柄，轻拿轻放，防止机械损伤。

（2）选果　一般应在田间现采现选，采后尽快加工，但在加工前应再选一次，严格剔除生、虫、病、烂、畸形等劣果，以保证原料充分成熟和完好。

（3）清洗　本试验原料均为网纹型厚皮甜瓜，其表面密布裂纹常黏附有泥沙和其他杂物，必须仔细清洗干净，先用毛刷在流水中清洗，再用 6 克/升的漂白粉溶液浸泡 5 分钟，最后用清水冲洗，除去瓜面漂白粉残液。

（4）去皮　网纹甜瓜果皮粗糙、厚韧、色绿、味淡而不可食，加工前应去除。削皮时应除去皮层附近带绿色部分，以免影响瓜汁颜色。

（5）切半、去籽巢、切分　去皮后，横向切半，刨除内腔籽巢，再切至 2 厘米见方小块。

（6）打浆　将切成小块后的瓜块放打浆机中打浆，筛网孔径为 0.6～0.8 毫米。

（7）胶磨　调节磨盘静齿、动齿间距为 40～80 微米，在 5 000 转/分钟条件下，将打浆后的料浆倒入胶体磨中，连续处理二次。

（8）配料

①配方。料浆 30 克，总糖 11 克（含瓜汁糖分），酸 0.1 克，山梨酸 0.08 克，复合稳定剂 0.15 克，姜汁 1 克，

加水至 100 毫升。

②调配方法。用 80℃以上热水化糖，纱布过滤，配成 400 克/升的溶液备用；生姜洗净、去皮、切碎、打浆，加等体积水煮沸，纱布过滤；复合稳定剂加水煮沸溶化，95℃以上保温静置 15 分钟，双层纱布过滤；山梨酸先用少许酒精溶解，再加热水稀释。

③加料顺序。在定量配料罐中依次加入料浆、姜汁、糖液、山梨酸、稳定剂、水、柠檬酸。酸度控制在 pH 4.0～4.3。

(9) 脱气　料液经充分搅拌混合好后随即泵入真空脱气机中，在温度为 50～55℃，真空度为 0.07 兆帕条件下处理 15 分钟，排除空气，减少维生素 C 氧化，防止变味。

(10) 均质　料液脱气后，泵入高压均质机中，在 20～25 兆帕压力下处理，使果肉微粒化。

(11) 杀菌　均质后的料液在 93±1℃温度下，杀菌 30 秒，无菌装罐，迅速冷却至常温，经检验后，合格者为成品。

3. 成品要求　色泽：橙黄色；香气：具有厚皮甜瓜或哈密瓜固有芳香；滋味：酸甜适口、口味纯正；组织状态：均匀混浊，久置后允许少量沉淀。

第八章　苦瓜的保鲜加工技术

一、概述

苦瓜因为果实中含有特殊的苦味而得名，又名凉瓜、金荔枝、锦荔枝等，属葫芦科苦瓜属一年生或二年生攀缘草本植物。苦瓜原产于亚洲南部、东印度热带地区，广泛分布于热带、亚热带和温带地区。苦瓜耐热，病虫害较少，栽培比较容易，因而栽培的面积很大，是夏秋季主要的蔬菜之一，通常作为蔬菜秋淡季的过渡品种之一。苦瓜适于内销与外销，又是加工罐头的原料。现在我国华南、西南、华中地区栽培普遍，近几年来在我国北方各大中城市已相继引入种植，栽培面积逐年扩大。

（一）苦瓜的营养与药用价值

苦瓜作为蔬菜以食用嫩瓜为主，也有一些地区，以老熟果实供食用。苦瓜嫩果果肉柔软，味稍苦而清爽可口，有增进食欲的作用；成熟果实则苦味减轻，但含糖量增加，肉质发绵，风味稍差。在苦瓜果实成熟时，其血红色的瓜瓤味甜清香，可作为水果食用。此外，在印度及东南亚地区，人们还食用其嫩梢和叶，在印度尼西亚及菲律宾，则取食其花朵。

苦瓜嫩瓜的营养价值很高，其蛋白质含量丰富，并含多种氨基酸，有丰富的矿物质，是一种理想的绿色食品。苦瓜果实在成熟过程中，各种营养物质，如维生素 C 等都会下降，因此，苦瓜应以食用嫩瓜为宜，在苦瓜的生产中，应注意适时采收。

苦瓜还有神奇的药用价值，苦瓜作为药用在我国和印度等地历史悠久，其根、茎、叶、花、果实及种子等各部分都有药用的记载。我国传统的中医认为，苦瓜味苦性凉，具有清热解暑、明目解毒之功效，这在我国古代的一些医书中都有记载，如《本草纲目》中描述苦瓜“解邪、解劳乏、清心明目”，在我国南方各地，食用苦瓜防止盛夏中暑效果极佳，此外还可防治痢疾、红眼病、喉炎和痔疮等。在印度，苦瓜被广泛用于风湿病、痛风、麻风病、痔疮及肝、脾疾病的治疗。

苦瓜中的苦味是由于果实中含有糖苷的缘故，嫩果中糖苷含量高，味苦，随着果实成熟，糖苷被分解，苦味变淡。由于糖苷能刺激唾液及胃液的分泌，故食用苦瓜有增进食欲和帮助消化的作用。近年来，苦瓜药用价值的研究有了很大的进展，发现苦瓜对预防老年前列腺炎和治疗糖尿病有极好的药效，苦瓜中含有一种胰岛素类似物质，具有降低血糖的作用，以家兔和大鼠为材料的药理试验证明，动物灌服苦瓜汁后，血糖有不同程度的降低。目前，治疗糖尿病的苦瓜针剂已应用于临床，其有效率达 80%左右，同时，苦瓜也是糖尿病人最理想的食疗蔬菜。

研究表明，苦瓜是一种良好的天然广谱抗菌剂，苦瓜提取液对革兰氏阳性球菌（金黄色葡萄球菌、表皮葡萄球菌）、革兰氏阳性杆菌（枯草杆菌）和革兰氏阴性杆菌（大肠杆菌、绿脓杆菌、痢疾杆菌、变形杆菌、肺炎杆菌、产气杆菌、阴沟杆菌、伤寒杆菌）都具有抗菌作用。更引人瞩目的是，从苦瓜中提取的一些活性蛋白质，如苦瓜素和苦瓜核糖体失活蛋白等具有抗突变、抗肿瘤、抗艾滋病和提高人体免疫力的功能。因此，苦瓜是一种很好的药食兼用的蔬菜，并且其药用成分的提取与开发极具发展潜力。

（二）苦瓜类型

我国苦瓜的品种资源较为丰富，南方各地都有一些地方品种，尤以华南地区品种更多，近年来、随着苦瓜栽培面积的不断扩大，苦瓜的新品种也不断地被引进或选育出。苦瓜的品种可根据不同的分类方法分别进行分类。

如表 8-1 所示，苦瓜按其果实的形状又可分为短圆锥型、长圆锥型和长圆筒型 3 种类型。

表 8-1　广州市郊栽培的苦瓜类型

品　种	瓜　型	瓜长（厘米）	肩宽（厘米）	肉厚（厘米）	单瓜重（克）
大顶苦瓜	短圆锥型	20	11	1.3	250～600
滑身苦瓜	长圆锥型	20	7	1.2	250～300
长身苦瓜	长圆筒型	30	5	0.8	250～600

苦瓜最常见和实用的分类方法为按采收时果实果皮的颜色区分，分为绿色、绿白色和白色苦瓜。我国不同地区对苦瓜的种植和消费习惯具有明显的地域特性，一般来说，绿色和浓绿色果皮的苦瓜以广东、福建、海南等地栽培较多；绿白色果皮的苦瓜以湖南、江西等地栽培较多；白色果皮的苦瓜则主要以我国台湾的高雄、屏东地区栽培较多。

二、采收

（一）采收成熟度和采收期的确定

一般来说，确定苦瓜采收期的主要依据是其成熟度，而苦瓜采收的成熟度则要根据其生物学特性、品种特性与采收后的用途、销售市场的远近、加工贮运条件等综合因素来决定。若采收成熟度不当，则对品质影响很大。采收过早，不仅果实大小、重量达不到最大程度，影响产量和收益，而且果实内含营养物质积累不足，色、香、味、质地都不具备品种固有的优良性状，达不到适于鲜食、贮藏、加工用的最佳品质要求，因而没有市场竞争力，经济价值和食用价值低，还容易失水萎蔫和腐烂变质。但如果采收过迟，苦瓜果实已进入生理衰老阶段，则容易后熟，果色变黄，肉质变为酥软，既不耐贮运，也不宜加工，食用和商品价值也低。只有适时采收，才能获得品质好、耐贮运的产品。

用于贮运的苦瓜产品的适宜采收期，可按从开花到采收的时间来确定，也可按果表特征来确定。就时间而言，用于运输的苦瓜可比就地直接销售的提前 2 天左右采收。一般开花后，如果白天温度在 20～25℃时，需 14～16 天达到适宜的采收期；如果白天温度在 25～30℃时，需 12～14 天达到适宜的采收期；而如果白天温度超过 30℃时，则只需 10 天就可以采收了。

此外，也可以从苦瓜果实的外部特征来确定其适宜的采收期，果实的外部特征包括果色、果长、果径等，在苦瓜中果皮颜色的明显变化表现为果皮的黄化，这主要是因为一种称为隐黄质的色素在苦瓜果实后熟过程中大量合成所引起的，但黄化苦瓜没有商品价值。

因此，在苦瓜中，果皮的黄化不能作为采收成熟度的依据。一些苦瓜生产者根据经验，从苦瓜果实的果长和果径等形态特征来判断采收期，一般当果实充分长大，果实基本达到该品种的果长、果径和单果重，果表瘤状突起明显，果顶部刚表现有光泽时，便达到合适的采收成熟度。由于苦瓜以绿熟果为采收对象，果实又不可太小而影响产量和收益，一些学者通过研究不同采收期苦瓜果实的生长特性和生理成熟度与采收后果实的贮运寿命的关系，提出苦瓜果实的果径与果长的比率，可以作为良好的非破坏性采收成熟度指标。如对中国台北地区 7 月份发育的农友 2 号品种的苦瓜果实而言，当果径与果长之比率在 0.38～0.39 时是适宜的采收成熟度。

（二）采收方法

用于贮运的苦瓜果实，采收应选择晴天的早晚进行，要避免雨天和正午采收。一般在早上 7～9 时露水干后进行采收，因为这时采收的苦瓜，已经散出了部分田间热，光合作用产物已运至果实中积累，有利于贮运。

苦瓜采收时应尽量减少人为损伤，采收人员事先应剪齐指甲或戴手套，采时要轻拿轻放，可用剪刀将果实从果柄上剪下，只保留 1 厘米长的果柄，以免运销途中相互刮伤。采收顺序由外及里，由下而上，以确保采收质量优良。同时还要根据市场销售及出口贸易的需要，做到有计划地采收。

三、贮藏

（一）贮藏期间的生理变化

苦瓜在常温下采后 5 天出现果实变软，表皮变黄，种皮转红，失去使用价值。9℃条件下冷害发生较为严重，又引起病菌侵入导致病害指数上升。果实硬度、维生素 C、蛋白质下降。17℃条件下 12 天果实变黄变软，开裂腐烂，其外观和营养指标都发生较大变化。

颜色是贮藏效果最直观的指标，也是最重要的指标。高温对果实的颜色变化较大，虽贮藏温度的降低，颜色变化越慢。表 8-2 为不同温度果实颜色变化的规律。

表 8-2 温度对苦瓜果实颜色的影响

温度	3 天	6 天	9 天	12 天	15 天	18 天	21 天
常温	浅黄	橙色					
17℃	浅绿	白绿	浅黄	橙色			
13℃	浅绿	浅绿	部分白绿	白绿	白绿	部分浅黄	浅黄
9℃	浅绿	浅绿	浅绿	部分白绿	部分白绿	白绿	部分浅黄

苦瓜果实在贮藏过程中硬度随时间的延长不断下降。常温下，苦瓜很快变黄，硬度下降，衰老腐烂，失去商品价值。高温条件下苦瓜的大分子物质分解较快，因此可溶性固形物的含量较高。苦瓜贮藏过程中，失重率随着时间的延长而上升，随着温度的降低失重也越明显。

可溶性蛋白是植物体内的营养物质，在果实采后可以继续供给能量维持生命活动的需要，它的损失一直是作为果实组织衰老的明显标志。随着贮藏时间的延长，蛋白质含量总的趋势不断下降，温度越高下降越快。

低温对苦瓜的影响较大，可以延长其衰老至少 15 天，再加上保鲜剂处理，更能达到好的效果，但是苦瓜所适应的温度有限，并不是越低越好，一周内的贮藏保鲜 9℃效果比较好，10 天以上时间的贮藏要采用 13℃，因为在随着贮藏时间的延长在 9℃的低温下发生冷害越来越严重。

（二）贮藏前的准备工作

新鲜苦瓜采收后，含有较高的水分和热量，若不及时降温，排除田间热，在贮运过程中就不易将体温降到适宜温度，加上在搬运装卸时难免遭受的机械损伤，遇到高温高湿就容易感染病菌，必然造成大量腐烂，故苦瓜采收后必须立即进行预贮。其目的在于降低体温，散发田间热并愈合伤口，同时适当散发表皮水分，使果实表面形成一层柔软的凋萎层。凋萎层一方面能抑制内部水分的继续蒸发，另一方面能防止产生新的机械损伤。经过预贮处理，已受伤的表皮组织往往变色或腐烂，便于识别剔除。苦瓜的预贮方法是将采收后的果实码放在阴凉干燥、通风良好的地方，让其自然通风1～2天。

由于预贮所花费的时间一般较长，有条件的地方往往进行预冷处理。所谓的预冷是指果蔬采后在运输和冷藏前为了尽快将体温降到适宜的低温，而采用的预先人为降温的措施。预冷处理不仅能迅速降低果实生理活动，而且能缩短处理时间，以便尽快运输到供应地区，减少运输和贮藏中的腐烂和损耗。值得注意的是，为了保持产品的新鲜度、优良品质和货架寿命，预冷必须在产地采收后立即进行；另外，选择适宜的预冷方法也很重要。目前，常用的预冷方法主要有空气冷却、水冷却和真空冷却等，其各有优缺点，其中以自然空气冷却最经济实用，但冷却能力稍差，需要合理堆码，以利于通风降温。苦瓜的预冷采用较多的是强制通风预冷或减压预冷。

（三）贮藏方法

苦瓜产品从采后到上市销售这一段时间，采取适宜的贮藏方式，可以抑制微生物的活动和延缓衰老，最大限度地保持产品本身的耐贮性和抗病性。各地可根据贮藏时间的长短和设备条件等因地制宜地选择适合的方式。

苦瓜常用的贮藏方式有：

1. 气调贮藏　气调贮藏是指人为改变贮藏产品周围的大气组成，适当提高 CO_2 的浓度，降低 O_2 的浓度，并使这两种气体的比例维持在一个较稳定的范围内的一种先进的贮藏方法。气调与机械冷藏相结合，可同时控制温度、湿度、气体成分等环境因素，是当前最先进最有前途的贮藏技术。最佳贮藏温度为 10～13℃，气体指标为 $O_2$2%～3% 和 $CO_2$5%以下，相对湿度为 85%。

2. 冷库贮藏 如果苦瓜产品要贮藏较长的时间，可考虑用冷库贮藏的方法。将经过预冷处理的苦瓜果实装入经漂白粉洗涤消毒后的竹筐或塑料篮中，移入采用机械制冷的冷库中贮藏。在冷藏库中凭借机械制冷系统的作用，将库内热量传送到库外，使库内的温度降低并控制在适宜的水平。

3. 窖与通风库短期贮藏 可选择地下库、地窖、防空洞等作贮藏库，并采取必要的通风措施。将预贮后的苦瓜装箱、装筐或堆放在菜架上作短期贮藏。贮藏时温度为 15℃左右。

4. 大帐贮藏 在苦瓜产品堆垛的上下四周用薄膜包围封闭的方法。产品一般先用容器包装再堆成垛，垛底先垫放塑料薄膜，其上放垫木，使盛苦瓜的容器垫空。产品摆放好后，罩上薄膜帐，将帐和垫底膜的四边叠卷，压紧即可。密封帐多用 0.1～0.2 毫米厚、机械强度高、透明、热密封性好、耐低温老化的聚乙烯或无毒聚氯乙烯薄膜压制而成，呈长方体。密封帐可设置在普通冷藏库内，也可设在常温库内。由于封闭薄膜的透气性很差，时间长了有可能造成帐内过低的 O_2 和过高的 CO_2，因此需要对帐内气体进行调节。通常用消石灰作 CO_2 吸收剂，将其撒在帐内底部，也可用通风的方法来调节。

5. 聚乙烯薄膜袋贮藏 将产品装在塑料薄膜袋内，扎紧袋口或热合密封。袋的规格不一，袋容积小的一般几千克，大的有20～30千克。薄膜袋多用较薄的聚乙烯薄膜制成（0.02～0.08毫米厚）。袋内的气体成分由于产品本身的呼吸和膜本身的透性而自动达到一种平衡浓度。尽管薄膜袋较薄，通常仍然是透气性不足，也往往出现袋内O_2含量太低而CO_2含量太高的情况。生产上解决的措施一是人工定期放风，即每隔一定时间将封闭袋口打开，换入新鲜空气后再行封闭，以避免袋内CO_2浓度过高；另一种国际上通行的办法是应用打孔膜，孔径为几微米至几毫米，孔的大小和数目以能满足换气要求为度。

四、加工

苦瓜多食用其嫩果。苦瓜的嫩果肉质脆嫩，苦味适中，清香可口，可炒食、煮食、凉拌、做泡菜、饮料。在日本的餐厅和宾馆里，在苦瓜上市季节常用鲜苦瓜汁加工制成冰冻饮料出售，味甘略苦，饮后顿感清凉舒爽。苦瓜作为一种药食兼用的保健食品，具有很高的深加工开发价值。苦瓜的加工是指利用食品工业的加工工艺和方法，将新鲜苦瓜产品通过处理，制成苦瓜加工品的过程。苦瓜产品的加工包括苦瓜饮料、苦瓜泡菜、酱辣苦瓜、苦瓜蜜饯、苦瓜果脯、甘草苦瓜和速冻苦瓜等。将苦瓜制成这些风味独特的食品，既能丰富人们的饮食内容，充分发挥苦瓜的保健功能，又便于保存和运输，可以调节苦瓜的供应，为苦瓜的利用开辟新的途径。

（一）苦瓜蜜汁饮料

1. 工艺流程

（1）选瓜→清洗→切分去籽→切片

（2）第一次浸提→过滤→浸提液1

(3) 滤渣→第二次浸提→过滤→浸提液 2

将（1）、（2）、（3）混合→调配→澄清过滤→灌装密封→杀菌、冷却

2. 操作要点

（1）选瓜　选择八至九成熟的新鲜苦瓜，剔除过生过熟及病虫害瓜。

（2）清洗　用清水将苦瓜表面的尘土、污物等彻底清洗干净。

（3）切分去籽和切片　用不锈钢刀切去瓜蒂，将苦瓜纵切成两半，挖除种子，再切成 2～3 毫米的薄片。

（4）浸提取汁　苦瓜汁液较少，故采用浸提法取汁，为提高浸出率，需进行两次浸提。方法是：在瓜片中加入清水（瓜片∶水＝1∶5），加热至 85～90℃，浸提 4 小时，滤出浸提液 1；滤渣再按 1∶5 比例加水，加热至 85～90℃，浸提 2 小时，滤出浸提液 2，将两次浸提液相互混合。

（5）调配　在浸提品液中加入砂糖和蜂蜜（砂糖占总配料量的 9%，蜂蜜占 3%），调整汁液的可溶性固形物达 12%。

（6）澄清过滤　将调配后的汁液甲于 10℃下静置 20 小时，使汁液中的胶体物质沉降，汁液变得澄清透明，滤取上层澄清汁液。

（7）灌装封盖　将汁液加热至 95℃，送去灌装，灌装温度不低于 85℃，立即封盖。

（8）杀菌冷却　苦瓜蜜汁饮料属低酸性食品，故采用 115℃杀菌 15 分钟或 100℃杀菌 30 分钟。杀菌完毕，用冷水冷却至常温。

3. 产品质量标准

(1) 色泽　汁液浅黄色，清亮透明。

(2) 香气　略具苦瓜的清香和蜂蜜的香气。

(3) 滋味　微苦中含清甜，后味甘甜，清爽无涩味。

4. 产品特点

(1) 由于添加了蜂蜜，不仅使口感、风味得到改善和提高，还起到加速汁液澄清的作用。

(2) 蜂蜜性味甘平、补中润燥，与苦瓜汁合用，可相辅相成达到清热解毒、滋阴润燥的理想保健效果。

(二) 苦瓜消暑饮料

1. 工艺流程

原料→挑选、去皮、瓤→清洗、破碎榨汁→粗滤→细磨→澄清分离→吸取清液→配料→精滤→脱气→灌装→封口→高压灭菌→检验→成品

2. 操作要点

(1) 原料处理　新鲜材料采收后，及时挑选，去除病、虫、烂果及杂质，对剖，去瓤，用流水洗净，沥干，称重。

(2) 破碎榨汁　将沥干水分的苦瓜破碎成 0.5 厘米左右的小块，以利取汁。榨汁时，为防止氧化，可加入适量的维生素 C。

(3) 粗滤　因榨汁的汁液比较粗，先用 60 目滤布过滤，除去粗纤维及杂质。

(4) 细磨　为提高原料出汁率，将粗滤后的汁液再用胶体磨细磨。

(5) 澄清、分离　细磨后的汁液用果胶酶处理，加入适量果胶酶拌匀后，静止 10 小时以上，吸取上清液待用。

(6) 调配　将苦瓜原汁加适量水，升温至 80℃左右，按配方（苦瓜原汁 30%，蜂蜜 1%～2%，甜菊甙 0.1%，

柠檬酸 0.1%～0.15%，山梨酸钾 0.05%，饮用水补足 100%）依次加入蜂蜜、柠檬酸、甜菊甙、山梨酸钾。注意每次加入都要搅拌均匀，最后用水补足余量。

（7）精滤、脱气　将配好的料液用硅藻土过滤机稍滤后接真空泵脱气，保持真空度 0.06～0.08 兆帕，20 分钟。

（8）灌装、封口　脱气后的料液立即灌装，真空封口，真空度不小于 0.05 兆帕。

（9）灭菌　封口后的饮料进高压灭菌锅灭菌，121℃保温 8～10 分钟。分段冷却至 50℃以下出锅。擦净瓶身，检验、贴标，成品入库。

3. 产品质量标准

色泽：天然淡黄绿色，色泽均一。

滋味：具有苦瓜特有的风味，略带苦味。

组织状态：清澈透明，允许有少许沉淀。

4. 产品特点

（1）蜂蜜有补中润燥、清热解毒之功效，以蜂蜜配合苦瓜．消暑效果更佳。另外，以蜂蜜作甜味料，还可改善口感，避免了单独使用甜菊甙的“单薄”口感。

（2）以甜菊甙为主要甜味料，符合当今食品的低热要求，而且苦瓜和甜菊甙均具有降血糖功能，所以糖尿病人也可饮用。

（三）苦瓜全肉速溶保健饮料

1. 工艺流程

苦瓜→挑选→浸泡→清洗→剖分→破碎→护色→预煮→打浆→微磨→包接→调配→均质→脱气→灭菌→浓缩→干燥→包装→成品

2. 操作要点

(1) 前处理　投料前把夹杂在苦瓜中的枝叶、泥土等杂物及腐烂果实等剔除，用流动清水将苦瓜清洗干净，剖分去籽，再将瓜破碎成直径1厘米左右的瓜丁。

(2) 护色预煮　通过试验发现，在软水中添加柠檬酸0.1%，葡萄糖酸锌（以Zn^{2+}计）100毫克/千克，在90℃温度下预煮10分钟，护色效果较好。

(3) 打浆及微粉碎　预煮后的瓜丁用打浆机打成粗浆，再用胶体磨磨成细腻浆液（直径5～50微米）。

(4) 包接　将β-CD制成1%的溶液在65℃下与瓜浆混合（β-CD：瓜浆＝1：100），并充分搅拌1小时。

(5) 调配　将食品添加剂按柠檬酸0.6%、蛋白糖0.1%、异维生素C 50毫克/千克的比例与包接后的瓜浆混合，以60转/分的速度充分搅拌。

(6) 均质　对调配好的瓜浆，用40兆帕压力进行均质，使果肉纤维组织更细腻（直径2微米以下的大于80%），有利于质量及风味的稳定。

(7) 脱气　采用真空脱气机脱气，排除瓜浆组织中的空气，防止因氧化作用引起色泽变化。真空度约为93千帕。

(8) 灭菌　用超高温瞬时灭菌机灭菌，温度125℃，时间3秒，出料温度≤65℃。

(9) 浓缩　采用低温真空浓缩，真空度约为94千帕，温度为55℃左右，浓缩后浆液浓度达60%为宜。

(10) 干燥　采用喷雾干燥机进行干燥，进风温度190～200℃，排风温度95～98℃，干燥后物料含水率≤3.5%。

3. 产品质量

(1) 外观色泽浅绿，均匀一致。形态呈均匀粉末状，90%以上能通过60目筛，无结块现象。冲调性好，速溶，不粘结，苦味轻淡，酸甜适口，有苦瓜的特殊风味。

（2）含水率≤3.5%，保质期24个月。

4. 产品特点

本品采用先进的加工工艺，使苦瓜能全果利用，最大限度保留了苦瓜的有效成分。由于不加糖、色素、香精、防腐剂，使苦瓜全肉速溶保健饮料成为很好的低热量、高纤维、药食兼用的功能性食品，既可作为肥胖症、糖尿病、心血管病、癌症、艾滋病患者的疗效食品，也可作为普通人预防类似疾病的保健食品。

（四）苦瓜南瓜复合保健饮料

1. 工艺流程

苦瓜→选瓜→去籽→切分→盐渍→漂洗→软化→打浆→精磨→杀菌→苦瓜汁（备用）

老熟南瓜→选择→称量→洗净→去皮、蒂→去瓤、籽→切片→热烫→打浆→精磨→杀菌→南瓜汁（备用）

苦瓜汁、南瓜汁→调配→均质→脱气→灌装封口→杀菌→冷却→保温→质检→贴标→成品

2. 操作要点

（1）苦瓜汁的制备　选7～8成熟的绿色无病虫害的苦瓜，用清水洗去泥沙，切半去瓤，去籽，去蒂。切成0.5厘米厚的片，装入网袋中放入8%食盐溶液中浸泡30～45分钟，置沸水中漂洗0.5分钟，以除去苦瓜中涩味物质。然后将苦瓜片于0.1%抗坏血酸溶液及适量柠檬酸中煮沸5分钟热烫软化，进入打浆机打浆，料水比为1∶1（w/w），先入单道打浆机，浆液通过2毫米筛孔，然后入双道打浆机，浆液通过1.2毫米筛孔，然后入胶体磨精磨。所得瓜浆趁热灌装后在100℃杀菌10～15分钟，冷却备用。

(2) 南瓜汁的制备　选九成熟以上的老熟南瓜，称量后用水洗净，除皮去瓜蒂，剖开，去瓤、籽，切片，瓜片厚1～2厘米。然后在不锈钢蒸汽夹层锅中热烫，温度90～95℃，时间10～15分钟，使瓜肉软化，软化液为0.1%抗坏血酸溶液与柠檬酸的混合液。然后再打浆、精磨、杀菌，备用。

(3) 调配、杀菌　按苦瓜汁10%、南瓜汁20%、食盐0.03%、抗坏血酸50毫克/升、柠檬酸适量、木糖醇11%、蜂蜜0.8%的配方把以上配料和预先配好的增稠剂溶液加入不锈钢配料罐，搅拌均匀后在40～50℃、0.8兆帕真空度下脱气，然后分别在22～35兆帕和10兆帕压力下二次均质。再用自动连续灌装机灌装，用蒸汽箱灭菌，在10分钟内将箱内温度升到100℃，保持30分钟。再逐级冷却，第一级冷却条件为65～75℃水中冷却5分钟；第二级为45～50℃水中冷却5分钟；第三级为室温5分钟。擦干后送入保温室在37℃下保温7天，然后质检，检验合格者再贴标装箱入库。

3. 产品质量标准　色泽为橘黄色。苦瓜汁无分层现象。

4. 产品特点

(1) 苦瓜性味甘寒，《滇南本草》载“脾胃虚寒者，食之令人吐泻腹疼”。为了平和食性，与甘温的南瓜混合，制成复合汁饮料，保健效果更佳。且本产品富含矿物质、氨基酸，不含任何防腐剂、色素、香精等化学物质。

(2) 苦瓜、南瓜汁制备时，在热烫软化工序用的预煮水中添加0.1%的抗坏血酸，可防止褐变。

(3) 由于本饮料具有防治高血压与糖尿病的功能，因此配料中用木糖醇及蜂蜜为甜味料。

（五）发酵苦瓜酒

1. 工艺流程

苦瓜→清洗→切块→预煮→打浆→果胶酶处理→压榨取汁→调糖、酸→发酵→换桶→陈酿→澄清→过滤→调配→贮存

2. 操作要点

（1）原料预处理　投料前除杂，清洗。剖分去籽，再将苦瓜破碎成小瓜丁，于沸水中漂烫 2 分钟立即冷却，沥干。置于打浆机中打浆。浆液中添加 0.02‰的亚硫酸氢钠。

（2）果胶酶处理　称取苦瓜浆质量 0.2‰的果胶酶，溶于约 37℃的水中，配成 1%浓度的溶液，加入苦瓜浆中，搅拌均匀，静置 8～10 小时。

（3）压榨　除去苦瓜残渣，取汁。

（4）干酵母活化　称取苦瓜浆质量 0.1‰的干酵母，加入 10 倍的水，8%的白砂糖，在 40℃下，活化 2 小时，再加入少量苦瓜汁活化 15 分钟。

（5）调糖、酸　将白砂糖溶化成糖浆，煮沸杀菌，加入苦瓜浆中，再用柠檬酸调 pH 为 3.6。

（6）接种发酵　将已处理好的苦瓜浆转入发酵罐，加入活化后的酵母，适当搅拌。发酵 7～10 天，主发酵结束，倒灌，后发酵半个月。

（7）澄清　采用皂土与明胶共同澄清的方法，添加 0.2‰明胶和 0.4‰皂土，澄清 3 天。

（8）杀菌与陈酿　澄清过滤得到的酒杀菌后，封坛贮存。

（六）苦瓜鲜啤酒

1. 工艺流程

新鲜苦瓜→选瓜→洗瓜→去瓜瓤、种子→切片、破碎、榨汁→加热→酶解→过滤→苦瓜汁

大麦芽→粉碎→糖化→过滤→煮沸→冷却→主发酵→后发酵→过滤→装桶→苦瓜鲜啤酒

（酒花→冷却；复水活化→主发酵；啤酒活性干酵母→复水活化）

2. 操作要点

（1）糖化　37℃投料加热至78℃，过滤槽过滤煮沸，然后回旋沉淀除去酒糟，待凝固后送发酵罐。

（2）发酵　煮沸后麦芽汁加等量凉开水，然后加适量啤酒活性干酵母。复水活化过程中，应定期搅拌，活化时间为1～1.5小时，活化完成后备用。

（3）发酵过程控制　啤酒活性干酵母用量控制在0.4‰～0.6‰左右，入罐温度为7～9℃，主发酵温度最高控制在12℃左右。

（4）苦瓜汁的添加和贮酒　将制备好的苦瓜汁加入酒液中，以CO_2从罐底冲洗均匀，苦瓜汁添加量一般在0.3%～0.5%左右，贮酒温度控制在－0.5～0.5℃，保温8～10天，压力控制在0.1～0.12兆帕。整个发酵周期在15～20天左右。

（5）过滤　在低温条件下，硅藻土过滤机过滤后送至清酒罐。

（七）苦瓜大豆酸奶

1. 工艺流程

苦瓜→清洗→剖半去籽→切块→烫漂→冷却→打浆→过滤→包埋→苦瓜汁（A）

大豆→挑选除杂→清洗→浸泡→磨浆→煮浆→过滤→豆乳（B）

奶粉、糖→溶解（C）

A＋B＋C→调配→均质→杀菌→冷却→接种→发酵→后熟→成品

2. 操作要点

（1）苦瓜原汁的制备　选择7～8成熟的绿色苦瓜，用清水洗净，切半去籽，同时去掉红色已熟透的、腐烂的及遭虫咬的部分，切成约0.5厘米厚的片。将苦瓜片置于沸水中烫漂30秒，同时添加溶液总量0.5%的L-抗坏血酸以防止苦瓜变色，从而达到护绿的目的。烫漂后的苦瓜片按苦瓜∶水＝1∶2的比例加水，用组织捣碎机进行匀浆，160目筛网过滤，然后用β-环状糊精（β-CD）包埋脱苦，冷却至室温得苦瓜汁，于4～5℃下贮藏备用。

（2）大豆原料处理　选择颗粒饱满、无杂质、无霉变、无虫蛀的大豆，用清水漂洗3～4次。用0.25%$NaHCO_3$溶液在常温下浸泡10～12小时，其间每隔3小时换一次浸泡液。

（3）磨浆、煮浆　将浸泡好的大豆用纯净水清洗后，按大豆∶水＝1∶10比例添加95℃的热水，用浆渣分离机磨浆，之后105℃煮浆20～30分钟，160目筛网过滤得到豆乳。

（4）调配、均质、灭菌　豆浆制好后，按脱脂奶粉∶豆浆＝1∶1的比例配制成发酵基料，在发酵基料中加入溶解过滤好的糖及一定比例的苦瓜汁，90℃条件下，用均质机（10～20兆帕）均质2次，然后在100℃下灭菌10分钟，快速冷却至40～45℃。

（5）接种、发酵培养　将保加利亚乳杆菌和嗜热链球菌以1∶1比例制成生产发酵剂，接种于43℃的混合基料中，在恒温培养箱中（42～43℃）培养4～5小时，pH4.2左右停止发酵，快速冷却到20℃以下，放入冰箱（0～4℃）中冷藏后熟。

(八) 苦瓜泡菜

苦瓜泡菜是用低浓度盐水腌泡新鲜苦瓜，经过发酵作用而制成的一种带酸味的腌制品。其质地脆嫩，形态饱满，风味芳香，咸酸适度，略带苦辣味，是湖南、四川等地人们喜食的一种有地方特色的苦瓜加工制品。

1. 泡制工艺

鲜苦瓜→整理→洗涤→切分→晾干明水→入坛泡制→存放后熟

↑

配制泡菜液

2. 操作要点

(1) 泡菜液的配制　泡菜液的质量决定于盐和水的质量。配制泡菜液的水必须清洁、无异味、无病菌，硬度在16毫克/千克以上。多选用井水和泉水。配制泡菜液所用的盐应杂质少，纯净，特别是镁盐要少，配制盐水时，按水重配入食盐6%～8%。为增进制品的色香味，还可加入黄酒2.5%、白酒0.5%、米酒1%、白糖或红糖3%、红辣椒3%～5%，直接与盐水混合均匀，香料0.05%～0.1%装入布袋。为加速乳酸发酵，可在泡菜液中接种乳酸菌，或加入3%～5%的陈泡菜水。

(2) 入坛泡制　将准备好的苦瓜料装入坛内一半，压实，放入香料袋，再继续装入苦瓜料，用接片卡紧或用干净石头压住，切忌原料露出液面，否则会氧化变质。如用陈泡菜水泡制，应补加食盐、调味料和香料，混合均匀后，直接加入装有原料的坛内。最后盖上坛盖，加满坛槽水，存放后熟。

(3) 泡制过程中的管理　泡菜坛用水封口后，应置阴凉干燥室内，并注意随时加满坛槽水，淹没坛盖边沿，并经常更换保持清洁。后熟中期注意每天轻提盖1～2次，以防因发酵造成坛内部分真空，使坛槽水倒灌坛内。如发现泡菜液变质，应倒出，清洗坛内，并将泡菜液过滤后，把滤清部分再装入坛内。

老盐水泡制2天即可，新盐水泡制5天左右也可食用。

(九) 美味苦瓜

1. 工艺流程

鲜苦瓜→整理→盐腌→脱盐、沥干→酱渍→成品

2. 操作要点

(1) 整理　将鲜苦瓜剖成两半，去籽去瓤，洗净，大条时切成四块。

(2) 盐腌　将整理好的苦瓜入缸，第一次用盐12千克分层撒入，每层依次增多，并留盐2千克左右均匀撒于面上。盐腌1天后，倒缸1次。以后每天倒缸2次。第三天倒缸时，把盐水换掉，将剩余的8千克盐分层撒入，并留1千克左右的盐封顶。7天后倒缸1次，即完成盐腌，制成咸苦瓜。

(3) 脱盐、沥干　将盐腌好的苦瓜用清水漂洗脱盐，浸泡2～3小时，并间歇翻拌，使其含盐量降至8%左右时，沥去水分。

(4) 酱渍　将脱盐、沥干的苦瓜放入已调入辣椒粉的酱油中浸渍3～4天，每天倒缸1次，浸后捞出拌入炒热的芝麻，即为成品。

(十) 甘草苦瓜

甘草苦瓜是以苦瓜为主要原料生产的产品，具有苦甜香

辣、清凉多味的特点。

1. 工艺流程

鲜苦瓜→整理→制干胚→制成品→上粉→包装出厂

2. 操作要点

(1) 整理　将苦瓜去掉两头和籽，剖成两块，裁成4厘米长的瓜条。

(2) 制干胚　整理好的苦瓜随即放入开水锅内烫一下，即刻捞入冷水缸中，换冷水1次，浸泡一夜，次日捞起滴干水，入缸下盐，一层瓜一层盐，下盐时每层依次增多。过1～2天连盐水一起转缸1次，再过1～2天榨干部分水分，出晒成全干，即成苦胚，可放于干燥处收藏。

(3) 制成品　将相当于原鲜瓜重量的开水倒入缸内，再放入辅料（除辣椒酱外），待水冷却后加入辣椒酱搅拌均匀，用大木盆斜放，将苦瓜放入盆内，淋上卤水，耙匀，然后将苦瓜耙在木盆高处，让贴附于苦瓜上的卤水流下，等卤水积聚后再拌和1～2次，使苦瓜干湿均匀。过一夜，出晒至八成干。

(4) 上粉　将干辣椒粉、甘草粉、紫苏粉拌均匀，撒在晒好的苦瓜片上，揉擦均匀。

(5) 包装出厂　揉匀后的苦瓜片装入盒（袋）密封出厂。

（十一）苦瓜蜜饯

1. 工艺流程

选瓜→清洗→切分、去籽→切块→硬化→漂洗→热烫→冷却→糖渍→糖煮→包装

2. 操作要点

(1) 选瓜　选择个大、肉厚、无病虫害的新鲜苦瓜，

成熟度以八成熟为宜，过生则涩味重，过熟瓜肉则易软化。

（2）清洗　用清水将苦瓜表面清洗干净。

（3）切分去籽　先将苦瓜头尾去少许，再纵切成两半，挖除全部瓜瓤和种子。

（4）切块　将苦瓜切成1.5厘米×1.5厘米见方或1厘米×3厘米的短条状。

（5）硬化　将切好的瓜块投入1%石灰水中浸泡4小时，使苦瓜中的果胶物质与石灰中的钙离子结合，生成难溶性的果胶酸钙，达到瓜肉硬化。

（6）漂洗　硬化后的瓜块用清水漂洗干净，直至无石灰味，瓜肉呈中性为止。

（7）热烫　将瓜块投入95～100℃的水中热烫5分钟，热烫水中加入适量柠檬酸，使瓜色由绿转黄。

（8）冷却　热烫后的瓜块迅速用冷水冷却，以免瓜肉受热时间过长而影响脆度。

（9）糖渍　以砂糖为糖料。下糖量为瓜块重的50%，砂糖分3次加人。第一次加糖30%并加入少量清水，以促进砂糖的溶解和渗透，同时加入0.1%亚硫酸氢钠进行护色及防腐。糖渍12小时后，再加入10%砂糖继续糖渍12小时，最后将剩余的10%砂糖全部加入，再糖渍24～36小时。整个糖渍过程要经常上下翻动瓜块，使瓜块均匀地吸足糖分，变得晶莹透亮。

（10）糖煮　将瓜块连同糖液一起倒入不锈钢锅中进行煮制，直至糖液浓度达60%。

（11）包装　将糖煮后的瓜块捞起，沥干糖液后，用无毒聚乙烯薄膜小袋进行真空包装。

3. 产品特点

（1）形态　块形整齐、饱满，无碎块、无皱缩。

（2）瓜块呈晶莹透亮的浅黄色。

（3）香气和滋味　具有苦瓜的清香，口感爽脆，甜中含苦，后味甘凉。

(十二) 京式苦瓜果脯

1. 工艺流程

鲜苦瓜→整理→浸矾→漂洗→烫漂→糖煮→第二次糖煮→第三次糖煮→烘干→包装

2. 操作要点

（1）整理　将鲜苦瓜洗净，切去两头，用专门针具刺瓜体，将苦瓜切成约 1 厘米小块，挖去瓜子。

（2）浸矾　先将 3 千克白矾溶于 90 千克水中，然后倒入苦瓜片浸泡 7 天，去苦味。

（3）漂洗　捞起瓜片，放入清水缸中漂洗，每天换水 3～4 次，漂洗 4～5 天。

（4）烫漂　将苦瓜坯倒入沸水中煮 15 分钟，即捞起，放入清水中漂洗 1 天，放水 2～3 次。

（5）糖煮　将浓度为 45%的糖浆倒入瓜坯中煮制，先用旺火煮 14 小时后改用中火。煮至糖浆减少后，再加糖浆，以保持糖浆浸没瓜坯。

（6）糖渍　糖煮 2 个半小时，浓缩至 50%时起锅，加入柠檬酸静置。

（7）第二次糖煮　静置 12 小时后将瓜坯和糖浆一起放入锅里煮制，糖浆浓缩到 55%时起锅。

（8）第二次糖渍　起锅后再静置 12 小时以上。

（9）第三次糖煮　将瓜坯和糖浆一起放入锅内再煮制，

糖浆浓缩至 60%～65%时起锅，并加入苯甲酸。

(10) 烘干　起锅后在 65℃左右条件下烘到含水量为 20%时即可。

(11) 包装　装入食品袋，每袋 0.5 千克。

(十三) 苦瓜保健果冻

1. 工艺流程

苦瓜→预处理→打浆
胶粉、白糖→干混→溶解　　→调配、煮沸、杀菌→罐装→
辅料等→分别溶解
封口→杀菌→冷却→包装→成品

2. 操作要点

(1) 原料　选择八成熟、表皮及果肉呈翠绿色品种。

(2) 预处理　用清水将苦瓜清洗干净，除果须果蒂，纵切两半，去瓤籽，切成 0.5～1 厘米厚的小碎块。

(3) 烫漂护色冷却　将苦瓜块置沸水中漂烫 30 秒，钝化酶活性并部分除去苦瓜中的苦涩味。然后迅速将苦瓜块放入料水比 1∶3 的护色液中护色和冷却，护色液为适量柠檬酸、异抗坏血酸和食盐。

(4) 打浆　将苦瓜块和料液倒入打浆机中打浆 3～5 分钟，至组织细腻。打浆后用 100 目绢布过滤。

(5) 辅料　将胶粉、环状糊精与白糖、AK 糖干混均匀。余下白糖用适量热水溶解。柠檬酸用适量热水溶解，其他分别用热水溶解。

(6) 调配加热杀菌　在配料桶加入成品总量 1/2 的过滤水，加热至 60℃，将胶粉、白糖、干混粉撒入热水中，开机搅打至均匀无粒状。然后加热至煮沸，保持 5～10 分钟，停止加热。趁热用 80 目绢布过滤除去杂质。过滤后加入苦瓜汁、香精等，待液温降到75℃时，在较强搅拌下加入酸液，最后定量。

(7) 罐装封口　将果冻杯放入罐装机上，料液经高位桶罐装、热封、压切，热封温度为220℃±10℃。封好口的果冻经抽检后装入杀菌框中。

(8) 杀菌冷却　将杀菌框送入预先备好的杀菌池中，杀菌温度81～83℃，杀菌时间20分钟。杀菌冷却至38～40℃。

(9) 包装　剔除不合格产品，包装。

（十四）速冻苦瓜

蔬菜速冻是现代食品冷冻的最新技术和方法，它以迅速结晶的理论为基础，将产品在30分钟或更少的时间内迅速通过冰晶体最高形成阶段。用速冻方法加工蔬菜比其他方法更能保持蔬菜的新鲜色泽、风味和营养价值；并且这一方法简便实用，便于蔬菜在国内市场的调配、贮运以及蔬菜的出口创汇。近年来，我国南方一些地区（如广东的汕头市等地）已发展了苦瓜速冻产品。对苦瓜进行速冻同其他蔬菜一样，其主要的加工过程包括选料、整理、切分、烫漂或浸泡、预冷、速冻、包装和贮存。

1. 工艺流程

选料→整理→切分→烫漂→预冷、沥干→速冻→包装→贮存

2. 操作要点

(1) 选料　选鲜嫩、无病害的苦瓜。

(2) 整理　将苦瓜放到清水中洗净。

(3) 切分　根据烹调方法的不同要求进行切分，可切成瓜圈、瓜块，也可切成瓜片。切分时去籽去瓤。

(4) 烫漂　切分后的苦瓜盛于竹篮内，带篮浸入沸水中烫漂30秒至1分钟，切分后的形状不同，烫漂时间也不同。在烫漂时要不停地搅拌，以使烫漂均匀。

(5) 预冷、沥干　烫漂完后应迅速捞出，并浸入冷水中冷却，使瓜温在短时间内降至5～8℃，这样既有利于保持产品质量，又便于快速冻结。捞起苦瓜，放入竹筐内沥去表面水分。

(6) 速冻　经前面处理后的苦瓜立即放入冷库内进行速冻，温度应控制在－30℃左右。菜体终温达－18℃为宜。在速冻过程中振动2～3次，可促进冰晶形成和防止菜体间冻成坨。

(7) 包装　用食品袋装好后封口，再装入纸箱，即可贮存。

(8) 贮存　装箱后的苦瓜应放入－18℃的冷库内贮存，进库前要将库内彻底清理和消毒。速冻苦瓜可保存6～8个月。

(十五) 脱水苦瓜

脱水苦瓜是近年来发展起来的一种较新的苦瓜加工技术，由于采用了护绿剂，产品可在常温下保存2个月以上不褪色、不褐变。这种加工技术便于苦瓜的长期贮藏备用，以平衡淡旺季需求和供应边远、高寒地区。

1. 工艺流程

鲜苦瓜→整理→切分→护绿剂1中烫漂→冷却→护绿剂2中冷浸→沥干→鼓风干燥

2. 操作要点

(1) 材料的前处理　将苦瓜洗净、对刮，去瓤、去籽、去两头切成0.5厘米厚的薄片。

(2) 将苦瓜片放入 85℃的护绿剂 1 小时烫漂 3 分钟。

(3) 取出苦瓜片迅速置于冷水中充分冷却。

(4) 在护绿剂 2 中冷浸 10～20 分钟。

(5) 85℃下鼓风干燥 5～6 小时。

(6) 产品密封于真空袋中。

五、苦瓜的食疗与药用

传统中医认为，苦瓜性味甘苦、寒凉，无毒。老瓜色赤，味甘性平。主归心、脾、肠、胃经。有清热解毒、除劳乏、清心明目之功效，其种子益气壮阳。此外，苦瓜的根、藤、叶也可入药。主治中暑发热、烦热口渴、胃疼、湿热痢疾、呕吐腹泻、尿血和糖尿病等。以下介绍苦瓜用于食疗和药用的一些便方。

（一）苦瓜的食疗

1. 苦瓜 250g，切开去瓤，切片或切丝，用猪油爆炒，加适量姜、葱、食盐调味佐餐食用，有清热明目、养肝、润脾、补肾作用。可治疗体虚有热之目疾及脾虚体弱症。

2. 把苦瓜切丝或片，先用凉水泡数分钟除去苦味，然后用开水焯一下，起油锅煸炒，并根据各自口味加入作料。这一道苦瓜菜有消暑除热之功能，适宜于夏季心烦口渴、身热、全身乏力者食用。如果加些香菜、豆豉，祛暑清热效果会更好。

3. 苦瓜 150 克，洗净切丝或碎末与大米 50 克同煮为粥，可用于治疗痢疾。如果加些马齿苋、黄花菜则效果更好。

4. 鲜苦瓜 200 克，去核切块，猪瘦肉 100 克切成片，加清水适量，用食盐少许调味，同煮苦瓜及猪瘦肉，可清热解毒。民间用于治疗感冒烦渴、暑疹、痱子过多和眼结膜炎等。

5. 鸡翅斩块，放碗中，加入姜汁、黄酒、酱油、白糖、食盐、豆粉拌匀，放入开水中烫煮片刻，捞出，再入热油锅中炒至熟时，将洗净切块的苦瓜倒入鸡翅同炒，然后加入生葱段和少量清水闷熟食用。有清肝明目、补肾润脾、解热除烦作用。

（二）苦瓜的药用便方

1. 治中暑发热 鲜苦瓜 1 个，截成 2 节，去瓤，放入茶叶再接合一起，悬挂在通风阴凉处晾干，每次 10～15 克，切碎用水煎服或用沸水冲泡当茶饮。

2. 治烦热口渴 鲜苦瓜 1 个，剖开去瓤，切片，水煎服。

3. 治暑天感冒发热 苦瓜干 15 克，连须葱白 10 克，生姜 6 克，水煎服。

4. 治流感 用苦瓜瓤煮熟食用。

5. 治眼病 苦瓜干 15 克，菊花 10 克，水煎服。

6. 治胃疼 苦瓜适量火煅为沫，开水送服，一天 2～3 次。或用苦瓜花 50 克晒干研末，分 2 次服用。

7. 治痢疾 鲜苦瓜或苦瓜花适量，捣烂取汁，蜂蜜适量，赤痢加红曲 5 克，白痢加六一散 10 克，开水冲服。或用苦瓜藤晒干研成细末，每次 3 克，每隔 6 小时服 1 次，开水送服。

8. 治疮毒 苦瓜叶晒干研末，每次 10 克，用酒送服。

9. 治病肿 把鲜苦瓜或茎叶洗净捣烂，敷在患处，可消炎消肿。

10. 治大便带血 鲜苦瓜根 150 克，水煎服。

11. 治伤寒 苦瓜头 20 克，煎汤冲白糖服，也可以作为伤寒病的辅助治疗剂。

12. 治湿疹 用苦瓜叶捣烂敷患处。

13. 治小儿腹泻 苦瓜藤去根洗净阴干，用慢火焙干或烘干，研末，每次服用 3～5 克。

14. 治风火牙痛 苦瓜叶煎汤洗，后以米糖油涂之。

15. 治阳痿 苦瓜种子炒熟研末，每次 10 克，黄酒送服，一日 3 次，10 天为一疗程。

16. 外用 苦瓜的茎、叶经捣烂可作外敷药，能治疗水烫伤、湿疹皮炎、毒蛇咬伤等。

第九章　丝瓜保鲜加工技术

一、概述

丝瓜属葫芦科丝瓜属，一年生草本植物。原产印度。我国南北方均有栽培，南方栽培较普遍。丝瓜以嫩果供食。果实一般为圆筒形或棒槌形，果面有棱或无棱，果实绿色，表面粗糙，老熟瓜褐色或黑褐色，外皮下生网状强韧纤维，称丝瓜络，可为药用或作洗涤用。种子扁平、圆形，一般为黑色，但也有白色的。每瓜含充实的种子 200～400 粒，千粒重 105 克。丝瓜根系发达，茎蔓性、五棱形，各节都能生侧蔓。叶为掌状或心脏形，3～7 裂，有茸毛。果实形状与颜色是区别品种的形态特征。

丝瓜喜高温潮湿，耐热性强，较耐湿，极不耐寒。生长适宜的月平均气温为 18～24℃。开花结果期温度要求更高。丝瓜喜肥，耐肥力强，抗病虫害。适宜富含有机质的土壤栽培。

（一）丝瓜分类

丝瓜按果核有无，可分为无棱丝瓜（也叫普通丝瓜）和有棱丝瓜。华南地区主要栽培有棱丝瓜。

1. 无棱丝瓜　俗称“水瓜”。果实从短圆筒形至长棒形，多为长圆筒形，无棱，果肉多，单瓜较重。华南地区栽培无棱丝瓜不多，其品种也较少。通常栽培的品种为长度水瓜，其果实呈长圆筒形，一般果长 55 厘米，横径 5 厘米左右，果皮绿色，一般单果重700～800克，叶掌状七裂，绿色，茎蔓分枝力强。另外还有一些零星种植的自种自留种的品种，如海南的竹竿丝瓜、长筒丝瓜、米管丝瓜等。

2. 有棱丝瓜 华南一带栽培较多，春、夏、秋均可栽培。瓜皮有棱，果实棒形。其主要品种有：绿旺丝瓜、青皮丝瓜、乌耳丝瓜、棠东丝瓜、海南丝瓜、3号丝瓜、夏棠1号、天河夏丝瓜。

（二）营养价值

丝瓜以嫩果上市，宜熟食。丝瓜营养丰富，在瓜类蔬菜中，其蛋白质、淀粉、钙、磷、铁及各种维生素，如维生素A、维生素C的含量都比较高，所提供的热量仅次于南瓜，其蛋白质含量比冬瓜和黄瓜高2～3倍。丝瓜还含有丝瓜苦味素、多量的黏液、瓜氨酸和脂肪等。种子含有脂肪油和磷脂等这些营养元素对机体的生理活动十分重要。老丝瓜纤维多，可作丝瓜络，为海绵的代用品，或药用，亦可作造纸、人造丝的原料（表9-1）。

无论嫩丝瓜，还是老丝瓜，丝瓜的花、叶、蔓、根、须或籽，均可作药用。丝瓜性甘、平，略偏凉性，无毒，具清热、化痰、凉血、解毒之效。

表9-1 丝瓜的营养成分表

（每100克中含）

营养成分	含量	营养成分	含量	营养成分	含量
蛋白质	1.46克	糖类	4.3克	脂肪	0.1克
纤维素	0.5克	维生素A	0.32毫克	维生素B	10.04毫克
维生素B_2	0.06毫克	维生素C	8毫克	钙	28毫克
磷	45毫克	铁	0.8毫克		

二、采收

采收鲜嫩瓜上市，直径3～5厘米，长度1～1.5米，一般在谢花后10天即表皮略有白色时采收为宜，嫩瓜表皮灰白色，间有绿色细条纹。过晚影响食用及后面的效果。作观赏栽培的可适当延迟采收，但一般不超过30天，当瓜表皮变褐变红时要及时摘掉，防止老熟瓜腐烂变质。留种要选果形色泽好、粗大、无病虫的瓜条，待果实转红褐色时摘下，后熟1周再切开取种子，洗净晒干贮藏。6月上旬开始采收，盛期在7～8月，每667米^{2}产量1 500千克。

嫩果不耐贮运。运输中，可采用散装或筐装。可在常温、高湿下短贮。

（一）采收方法

丝瓜食用的是嫩瓜。花后10～15天就可采收。果柄变光滑、瓜皮颜色变深绿、果的茸毛减少，用手触摸果皮有柔软感，此时肉质细微，食用品质佳。采后要置于阴凉处，待贮运的丝瓜应立即预冷，预冷的温度不应低于7℃。

丝瓜主要食用嫩瓜，如过期不采收，果实容易纤维化，种子变硬，不堪食用。从雌花开放到采收嫩瓜，一般需10～12天。采收的标准是果梗光滑变色，茸毛减少及果皮手触之有柔软感而无光滑感，为采收适期。采收宜在早晨进行，用割刀或剪刀在果梗2厘米处剪断，切口宜平，剪割时，尽量不要擦伤果皮和擦掉果粉，果实平摆在竹篓或纸箱内，运至包装场，为避免果实在运往拍卖或直销市场途中受到擦伤和水分蒸发，每果需用白报纸或牛皮纸包裹，然后再装入纸箱内。盛果期每隔1～2天采收一次。

丝瓜开始采收时期的迟早，与品种和播种期都有很大的关系。从播种至初收的时间，春丝瓜需50～60天，夏丝瓜需40～45，秋丝瓜40天左右。采收期35～70天不等。每667米^{2}的产量一般为3 000～3 500千克，高产可达5 000千克以上。

（二）采收标准

丝瓜采收季节一般在7月中旬，采收标准为老嫩适中，瓜条皮色由白转青时即可收获，有数条绿色条斑为宜，过早采收影响产量，过迟则影响品质。

丝瓜要求果形端正，果皮青绿、有光泽，新鲜柔嫩；无病虫害，无折断、大损伤；无冷害、冻害；筐装。

三、贮藏

鲜嫩丝瓜不耐贮藏。在8～10℃时，可贮藏9～14天，温度低于6～7℃会发生冷害；贮藏时环境相对湿度应在95%以上。丝瓜性喜高温气候，盛产于夏天。因产期温度极高，收获后最好能立即预冷，否则在高温下，代谢作用强，组织很快松软，品质迅速降低。可利用水冷或差压风冷来预冷。丝瓜在10℃以下贮存，表面会发生冷害的褐斑，甚至组织透明，产生黏滑液，因此预冷最好能将温度降至10℃左右，并在此温度贮存。贮存的相对湿度最好能在95%以上，以减少脱水。以保鲜膜或纸类包装可稍补救大气环境湿度不足的问题，并对丝瓜多提供一层保护的作用（表9-2）。

表9-2　丝瓜贮藏温度与贮藏时间的关系

储存温度（℃）	0	5	10	15	常温（25℃）
储存期限（天）	3～5	6～8	9～14	6～8	1～2

（一）贮藏期间的生理变化

丝瓜只能冷藏7天左右，冷藏12～14℃为宜。贮藏时间过长丝瓜表皮发黄，柄端腐烂，花端急剧膨大。在室温保鲜剂处理的情况下，冷藏丝瓜第 4 天出现冷害，第 9 天 80％出现冷害，腐烂。

冷害症状：瓜条变软，冷害部位出现暗条水渍状凹陷斑，内部组织无颜色变化。

（二）贮藏病害和防治

贮藏病害：主要是瓜类疫病，冷藏（12～14℃）＋百菌清处理可抑制病害的发生。

病害症状：发病初期为水渍状暗绿色，逐渐变黑，病斑上有白色斑点，内部组织腐烂。经鉴定为瓜类疫病病源可能是田间带菌。

（三）常用的贮藏方法

1. 套保鲜袋贮藏

2. 冷藏贮藏 丝瓜只能冷藏贮藏 7 天，冷藏 12～14℃为宜。

3. 去皮速冻 丝瓜速冻的整个工艺过程有待去工厂完成，丝瓜速冻完全可以作为丝瓜加工的重要方式。

四、加工

色泽青绿、肉质鲜嫩、味道清香的丝瓜是人们喜爱的一种蔬菜。丝瓜原产印度，唐末宋初传入我国。

据营养学家测定，丝瓜含有蛋白质、脂肪、淀粉、维生素、钙、磷、铁等多种营养成分，提供的热量比较高，是夏季的优良蔬菜品种。人体在夏季出汗多、消耗大，易使人烦躁厌食，若能多吃些丝瓜，可清心祛暑、健脾开胃，使我们更好地度过盛夏。常吃丝瓜，还可以护肤、美容。丝瓜宜熟食，清炒、红烧、做汤等均可。以丝瓜为主的名菜有川菜的

“滚龙丝瓜”、湘菜的“干贝丝瓜”、淮扬菜的“菱肉丝瓜”等，均色、香、味俱佳。

丝瓜的叶、茎、果可以研磨入药。丝瓜的药用成分、药用价值一直受到国内外学者的重视，从丝瓜属植物中发现了多种药用成分。丝瓜含有几大类化合物和多种化学单体成分有着特殊的药用价值。

老熟瓜可制成丝瓜络，微火煅烧，其灰入药，有通经活络、清热化痰、利尿解毒、消肿止血的功效。还可以加工成生活用品、工艺品，如枕芯、洗浴用具、清洁用品。

丝瓜营养丰富，与其他果蔬配合，利用简单的榨汁机就可制作出多种保健饮品，如丝瓜苦瓜汁、丝瓜芹菜汁、丝瓜苹果汁等，是暑期清热解暑的必备佳品。

（一）丝瓜饮料

1. 工艺流程

丝瓜→拣选→清洗→去皮→修整→预煮→破碎→榨汁→过滤→调配→高压均质→脱气→装罐→灭菌→冷却→包装→成品

2. 技术要点

（1）原料拣选　应选用生长良好、八至九成熟、条长而浑圆、组织脆嫩、肉质新鲜、呈绿色或深绿色、无褐斑、病虫害、腐烂及机械损伤的丝瓜。

（2）预煮　预煮主要是灭酶护色，软化组织，提高出汁率。采用沸水预煮，以煮熟为度，及时出锅，迅速用冷水冷却至室温。

（3）破碎　处理过的原料装入破碎机内切碎，为使榨汁顺利，可反复破碎2～3次，破碎后的碎块为1～2毫米。

（4）榨汁、过滤　将破碎后的原料放入螺旋式压榨机

（可用手压式榨汁机代替）榨汁。榨出的汁液经过180目/2.54厘米的过滤器过滤。

（5）调配　过滤后的汁液加入0.1%的羧甲基纤维素钠作为稳定剂。然后根据口感配方，可以调配成甜酸味、咸鲜味、辛香味等，以满足不同消费者的需要。甜酸味主要添加糖和有机酸，产品甜酸适口，风味爽口；咸鲜味则添加盐和味精，清香可口，咸酸适宜，具鲜味；辛香味则添加5%～10%芹菜汁、1%～2%姜汁及糖、盐、味精等调味剂；也可以不加任何调味剂，制成原味汁等。

（6）高压均质、脱气　为防止灌装后产生沉淀，影响外观和口感（粗糙），因此调配好的汁液须经高压均质处理，均质压力在18兆帕以上。均质后的汁液用真空脱气机进行真空脱气。

（7）装罐　采用符合GB1004聚酯（PET）/铝箔（AL）/聚丙烯（CPP）复合膜、袋（立体袋）进行灌装。装袋温度不低于65℃，以180～210℃温度熔封，并逐袋检查封口质量。

（8）灭菌、冷却　杀菌采用100℃，5分钟条件杀菌，杀菌后用流动水冷却至常温。

（二）丝瓜保健饮料

采用丝瓜汁为主料，芦荟汁、莲籽浆为配料，添加白糖、柠檬酸、稳定剂等汁制成一种集营养、保健、医疗于一体的功能性果茶饮料。

1. 工艺流程

白砂糖、柠檬酸、稳定剂
↓
丝瓜→拣选→清洗→去皮→预煮→切块→榨汁→过滤→调配

↑

莲子→挑选→去外衣→预煮→捣碎→胶磨→莲籽浆↑

芦荟鲜叶片→清洗→去皮→热烫→捣碎→均质→过滤→澄清液→均质→脱气→灌装→杀菌→冷却→成品

2. 操作要点

（1）丝瓜汁的制备

①原料选择与清洗。选择生长良好、八至九成熟、组织脆嫩、肉质新鲜、无腐烂和机械损伤的丝瓜，并用流动水清洗干净。

②预煮。为了软化组织，灭酶护色，提高出汁率，对丝瓜进行沸水预煮，煮透后立即出锅，迅速用冷水冷却至室温。

③切块。将冷却后的原料用不锈钢刀切成大小均一的块状。榨汁与过滤，将切成块状的原料放入螺旋榨汁机内进行榨汁，榨出的汁液经 180 目的板枢压滤机过滤，过滤后备用。

（2）芦荟汁制备

①原料选择与清洗。选择 3～4 年叶龄、生长良好的芦荟鲜叶片，在流动水中冲洗干净，然后在 1%的次氯酸水溶液中浸泡 2～3 分钟，再经无菌水漂洗干净。

②去皮及预处理。用刀切去叶片根部白色部分和叶尖，因芦荟皮中的黄色物质为蒽醌，味苦而影响风味，所以应将外皮去除干净。

③热烫。榨汁将去皮的芦荟放入 100℃开水中浸泡 5 分钟左右，然后用组织捣碎机进行捣碎，得芦荟凝胶液。

④均质。由于芦荟凝胶液黏稠，流动性差，必须将芦荟凝胶液在压力为 15～20 兆帕，温度为 60 ℃左右条件下进行均质化处理。

⑤过滤与灭菌。通过不锈钢过滤机粗滤除去纤维和联结组织得到澄清液，然后采用超高温瞬时灭菌法（即温度为115～135℃，时间为3秒）进行灭菌，最后冷藏备用。

（3）莲籽浆制备

①选料及去外衣选。择色泽纯正，放入清水中浸泡15～20小时，以浸透不裂口为准，然后置于3%～5%$NaHCO_3$溶液中煮沸1～2分钟，捞出后脱去外衣，再放入流动水中漂洗数次，洗净碱液。

②预煮与磨浆。将去皮的莲籽放入95～98℃热水中煮5分钟左右，煮至酥软时，用组织捣碎机捣碎成泥，然后用胶体磨精磨成浆后备用。

（4）混合配料　按上述配方将丝瓜汁加热至40～50℃，加入羧甲基纤维素与白砂糖，搅拌至溶化后加热至沸保持15～20分钟，冷却至30℃左右，然后加入芦荟澄清液、莲籽浆、柠檬酸溶液进行调配。

（5）均质　将调配好的料液在51～53℃，15～20兆帕条件下进行均质处理，通过均质处理可以使组织均一，有爽滑感，并避免成品产生沉淀。

（6）脱气　为避免丝瓜汁、芦荟汁氧化退色和风味变化，在真空度为0.007 8～0.010 5兆帕，温度为40～50℃的条件下进行真空脱气。

（7）灌装、杀菌及冷却　将脱气后的料液趁热进行灌装，然后采用超高温瞬时灭菌法（即温度为137℃，时间为21秒）进行杀菌，这样既不改变芦荟、丝瓜液的色泽、口味及营养成分，又能杀死细菌，最后冷却至25℃左右后即为成品。

色泽：呈绿色或浅绿色；滋味和气味：具有新鲜丝瓜和

芦荟、莲子特有的混合风味，口感清爽，无异味；组织状态：汁液均匀混浊，不分层，允许有少量微小胶粒和沉淀。

（三）丝瓜乳酸菌饮料

乳酸发酵丝瓜饮料营养丰富，口感良好，有清热解毒、生津止渴之功效，夏天饮之，能提供酷暑身体所需的欠缺的热量及营养物质，配以蜂蜜效果更佳。

1. 工艺流程

丝瓜→挑选→清洗→去皮去瓤→预处理打浆→脱气→接种→发酵→调配→均质→瓶装→杀菌→冷却→成品

2. 操作要点

（1）原材料处理　新鲜原料采收后及时挑选，去除病虫烂果及杂质，对剖去瓤用清水洗干净、沥干。

（2）切片　将沥干水分的丝瓜切成 0.5 厘米左右的小块，以利取汁。

预处理：用 0.1%的焦磷酸浸泡 4 分钟，使颜色更鲜艳，并起到防酶、络合金属抗氧化的作用，将丝瓜片在沸水中煮 5 分钟使 E 酶失活。

（3）粗滤、细磨　用 60 目滤布过滤，除去浆液中的粗纤维及杂质，为提高原料出汁率，将粗滤的汁液再用胶体磨细磨。

（4）脱气　在真空为 0.06～0.1 兆帕下脱气 20 分钟，除去原浆汁中的氧气和气泡，以保证成品质量。

（5）接种发酵　在制好的浆液中，加入 3%～4%的生产发酵剂，置于 40℃恒温培养箱中培养发酵 20 小时左右，酸度 0.5%左右，取出置于 5℃放置 20 小时左右；使其风味更纯正。在此期间，风味物质双乙酰明显增加。丝瓜浆浓度应选择 30%～40%，此时发酵产品风味好。

（6）发酵剂的制备　用无菌水将脱脂乳粉调制成11%的乳液分装于试管中，置于高压蒸汽灭菌锅中在120℃下杀菌15～18分钟，选择产酸适宜风味良好的保加利亚乳杆菌和嗜热链球菌以1∶1或2∶1的比例混合接种于培养基中，经3～4次传代培养，再进行扩大培养制成母发酵剂和生产发酵剂。

（7）调配　30%～40%的发酵液、0.6%柠檬酸、0.5%苹果酸、0.4%～0.6%的白砂糖、1.5%蜂蜜、0.045%～0.05%的蛋白糖、0.06%的异抗坏血酸，稳定剂以0.1%黄原脱＋0.1%的海藻酸钠＋1%蔗糖脂的混合稳定剂，加水至100%。

（8）均质　将料液加热至55℃，在25兆帕下均质处理，使其料液细微化，提高料液黏度，增强稳定剂的稳定效果。

（9）杀菌　料液灌装后，在121℃杀菌8～10分钟，分段冷却至50℃以下出锅。

3. 感官指标

（1）色泽　天然淡黄绿色，色泽均一。

（2）滋味　具丝瓜特有风味，酸甜适宜、清凉爽口。

（四）速冻丝瓜

1. 冷藏贮藏前的准备工作

（1）选瓜　丝瓜8成熟为宜。要求内部种子膨大不明显，瓜柄端无空虚，无病虫伤害。

（2）散热　室内摊晾2小时，散去田间热。

（3）放入设备或恒温室内贮藏。

2. 速冻贮藏前的准备工作

（1）选瓜　丝瓜6～7成熟为宜。所有原料要求内部种子膨大不明显，瓜柄端无空虚，无病虫伤害。

（2）去皮　用专用削皮刀去皮，削皮后立即浸入水中，防氧化褐变。

（3）切分　切分目的是增大冷冻面，快速冷冻。切5～6厘米为宜，或切滚刀块。

（4）护色　护色是蔬菜速冻的关键工艺，主要是酶褐变影响色泽，特别是解冻后褐变迅速。这是由于蔬菜组织中的酚类物质（绿原酸、单宁等）在氧化酶和多酚氧化酶的作用下变褐。

常用的护色方式有：

①柠檬酸浸泡，②烫漂，③ 0.1%维生素C浸泡。

（5）冷却　烫漂后立即冷水中冷却，不断搅动，使其快速冷却。

（6）甩水　用离心机脱去丝瓜上的明水。

（7）速冻　装盘（1层）或入塑料袋（0.25千克），在冷柜内于－30℃下速冻。

五、苦瓜的食疗与药用

（一）药用价值

1. 疮肿、痈肿　取嫩丝瓜或丝瓜叶适量，冰片2克，一同捣烂如泥后敷患处，一日2次。

2. 乳腺炎　取丝瓜络100克，青皮10克，陈皮12克，穿山甲9克，栝楼12克，双花12克，蒲公英30克。水煎服，一日一剂，早晚分服。

3. 产后无乳　取丝瓜络150克，穿山甲15克，王不留行（炒开花）30克。水煎服，一日一剂，早晚分服。

4. 甲状腺瘤　取丝瓜络100克，夏枯草50克，昆布30

克，海藻 30 克。每日 1 剂，早晚水煎分服，连服 30 剂左右。

5. 夏季外感发热 取鲜丝瓜叶 10 片（洗净），西瓜皮 100 克，梨瓜适量，冰糖适量水煎后代茶饮。

6. 天疱疮 取鲜丝瓜叶适量捣烂取汁外涂患处，一日数次，随干随涂。

7. 胸胁痛 取丝瓜络适量，青皮 12 克，陈皮 12 克，玄胡 12 克，川贝 9 克。每日一剂，水煎早晚分服。

8. 水火烫灼伤 取丝瓜络、丝瓜叶各适量晒干后研成细粉，用香油调成糊状敷患处，每日 1 次。少脂质过度氧化，延缓衰老。

（二）美容

丝瓜的瓜藤、叶、籽、根、络、皮、花都可以入药治病。用丝瓜络洗澡搓身还是一种经络按摩的美容法。

丝瓜的美容作用，最值得一提的是丝瓜藤汁外搽，这是一种护肤防皱的美容方法。在古代，中医称丝瓜藤中的液体为"人罗水"。古人在霜降之后，选粗大的丝瓜藤，在近根处剪断，插入瓶中，即可不断沥出汁液。古代中医用它治疗肺痈、酒精中毒，也可用它代替肥皂洗脸，或擦脸。可见天然的丝瓜水用于治病、美容的历史悠久。

近年来人们越来越重视丝瓜汁的美容作用。日本《每日新闻》刊登过一篇专访文章。介绍 80 岁高龄的女作家平林英子面无皱纹、青春常驻的经验。她从来不用美容化妆品。只是每天早晨用纱布蘸丝瓜汁擦脸，几十年从不间断。这个经验是作家的母亲传授给她的，其母亲活到 90 岁时，脸上的皱纹仍很少。新鲜丝瓜肉捣烂外敷或外搽面部，也有润肤除皱的美容作用。丝瓜汁液中的成分具有抗皱消炎、预防皮肤老化、消除雀斑、蝴蝶斑、黑色素沉着和老年斑延缓细胞衰老等功能。

(三) 丝瓜面膜制作方法

1. 丝瓜汁除油洗液

(1) 材料 丝瓜一根。

(2) 做法 将丝瓜榨汁。

(3) 在 1 500～2 000 毫升的温水里，加入丝瓜汁 75～100 毫升，备用。

用其洗脸。每天 1～2 次，连续 1 个月。可去除肌肤多余的油脂，使脸部粗大毛孔变得细小平整、皮肤细腻而有光泽。

2. 防晒牛奶丝瓜面膜

(1) 材料 丝瓜 1 根，冰牛奶、蜂蜜适量。

(2) 做法 把丝瓜洗净，切块，用榨汁机榨取原汁。将丝瓜汁混入冰牛奶、蜂蜜调成糊状。

(3) 使用 将丝瓜面膜敷在脸上和脖颈等处的肌肤上，15～20 分钟后，用清水洗净。

此面膜不仅有很好的滋养肌肤的作用，并且防晒的作用也非常好，尤其对于晒伤的肌肤能尽快修补，还可以淡化斑点。

3. 丝瓜柠檬美白面膜

(1) 材料 丝瓜半根，柠檬半个，牛奶适量。

(2) 做法 将丝瓜和柠檬洗净、切碎，放入榨汁机中榨汁。将汁液加入牛奶，混合均匀，敷于面部。10～15 分钟后将面膜洗去。

(3) 此面膜长期使用，可使皮肤白皙细腻减少斑点。

4. 去皱丝瓜液

(1) 材料 鲜嫩丝瓜或丝瓜根茎。

(2) 做法　丝瓜绞取自然汁，或从丝瓜根茎中提取汁液。

(3) 用脱脂棉花蘸汁液敷涂脸部及轻涂皱纹处，长期使用可减少皱纹，保持容颜不老。此外，食用丝瓜，也有很好的美容作用。

第十章　金瓜的保鲜与加工技术

一、概述

金瓜又名金丝瓜、搅瓜、菱瓜、面条瓜等，是葫芦科金瓜属美洲金瓜（西葫芦）的一个变种或类型，因果皮和丝状果肉色泽金黄而得名。金瓜原产于南美洲北部，西汉时期由印度经丝绸之路传入我国，目前在上海、安徽、湖北、辽宁、山东、台湾等地均有一定面积的栽培，其中以上海崇明岛的栽培面积为最大，每年约在 10 万米^2 左右。被人们誉为长江口明珠的崇明宝岛，是我国第三大岛。现东西长约 76 千米，南北宽约 16 千米，总面积 1 083 千米^2。宝岛崇明，三面环江，东临东海，气候温和，土地肥沃。生产稻、麦、黍、棉。然而，名为“金瓜”的果实，乃是崇明宝岛的土特产。据传早在明朝万历年间（约在公元 1600 年前后）崇明岛就有金瓜种植，当时称之为珠瓜。清朝时期曾将金瓜作为贡品进贡宫廷御用，栽培历史悠久。台湾岛从 1985 年开始引进种植金瓜，当地称之为“海蚕皮金瓜”。近年来，全国各地纷纷将金瓜作为特种蔬菜引种栽培。金瓜颜色金黄，呈长椭圆形，以老熟瓜供食，其果肉经蒸煮或冷冻后可搅成丝状，颇具特色。金瓜，属葫芦科金瓜的一种，又名“面艾瓜”“搅瓜”等，植株为蔓生，叶小，色淡绿，有深裂痕，株形较小，生长期短，在房前屋后均能种植。

金瓜色泽金黄、自然成丝、清脆可口，是色、香、味、形俱佳的瓜中珍品，享有“植物海参”之美称。金瓜营养丰富，每100克金瓜瓜肉干物质中含有粗蛋白11.5克、粗脂肪1.47克，钙17毫克、磷22毫克、铁0.73毫克；每100克鲜瓜肉中含维生素PP 0.5毫克、维生素C 0.15毫克、维生素B_1 0.02毫克、维生素B_5 0.03毫克、维生素B_6 0.088毫克。金瓜含有丰富的人体必需的腺嘌呤、瓜氨酸、天门冬氨酸、精氨酸等多种氨基酸。除此之外，金瓜还含有一般瓜类蔬菜所没有的葫芦巴碱和丙醇二酸等物质，具有调节人体新陈代谢和抑制糖类转化为脂肪等功能，因此金瓜还有“天然健康食品”和“天然减肥美容食品”之称。

金瓜性凉味甘，具有补中益气，利湿消渴，健脾润肺，消食清火之功效。可以治疗风热或肺热咳嗽，痰出不畅，痢疾，食积伤中，不思饮食，肠鸣泄泻，小儿积食等病症或症状。经常食用金瓜对高血压、冠心病、肥胖症等具有一定的辅助疗效，因此金瓜是一种食疗兼备的蔬菜。

二、采收

采收是金瓜生产的最后一环，又是金瓜商品化处理、贮运、加工的最初环节，具有很强的季节性和技术性。采收质量的好坏，采收成熟度、采收期等是否恰当，采收技术、操作处理是否科学合理，都直接影响到采后金瓜产品的品质、贮运消耗和加工产品质量以及经济效益的高低。金瓜生产的目的是为了收获高产优质的产品用于销售，所以采收是金瓜商品生产的关键环节，只有科学适时地采收才能获得优良的金瓜产品，为市场提供新鲜优质的金瓜和为加工提供优质原料，否则即使有很好的贮运和加工技术条件也得不到优良的商品，甚至造成重大的腐烂损失，因而采收的原则应是适时合理、保质保量、减少腐烂。

（一）采收方法

用于贮运的金瓜果实，采收应选择晴天的早晚进行，要避免雨天和正午采收。一般在早上7～9时露水干后进行采收，因为这时采收的金瓜，已经散出了部分田间热，光合作用产物已运至果实中积累，有利于贮运。

金瓜采收时应尽量减少人为损伤，采收人员事先应剪齐指甲或戴手套，采时要轻拿轻放，可用剪刀将果实从果柄上剪下，只保留2～3厘米长的果柄，以免运销途中相互刮伤。

（二）采收标准

用于贮藏的金瓜，应选择生长健壮、充分老熟、皮色转黄的瓜。采收前10天内停止浇水，并选择连续晴天的早晨进行采收。采收时尽量不要损伤瓜的皮面，采摘时要用剪刀剪留3～5厘米的果柄。在运输过程中要轻拿轻放，以防损伤瓜皮。

采收后应在阳光下晾晒2～3天，然后在24～27℃下放置15天左右，以促进果皮硬化和皮色转黄，有利于贮藏，这对于成熟度较低的瓜尤为重要。

三、金瓜的贮藏

（一）贮藏病害

引起贮藏期金瓜腐烂的病害主要有炭疽病、湿腐病、红腐病、青霉病等，前两者引起果实腐烂占总烂果的90%以上。8、9月份是金瓜采收后的腐烂高峰期。

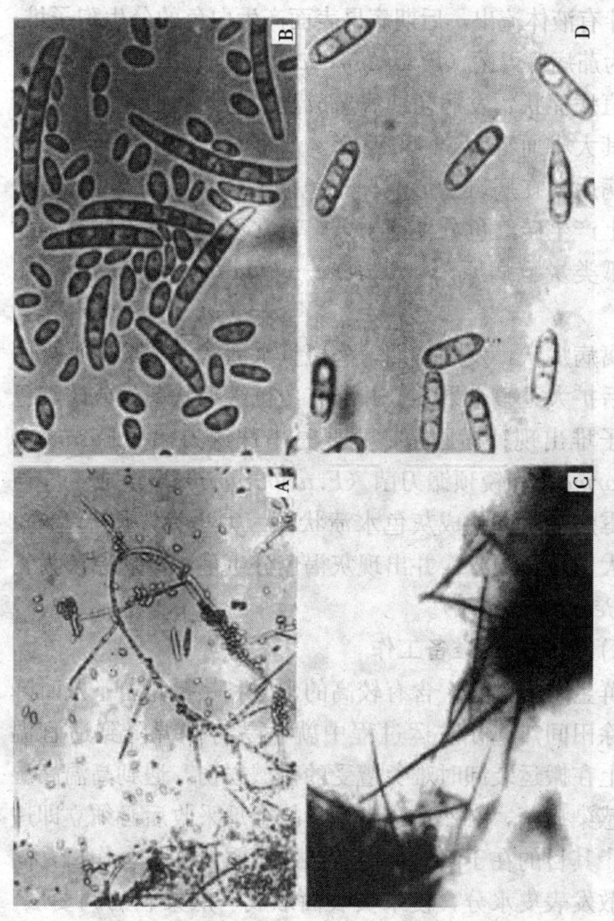

图 10-1　金瓜湿腐病和金瓜炭疽病原菌

A. 金瓜湿腐病病菌的分生孢子梗　B. 金瓜湿腐病病菌的大型分生孢子和小型分生孢子

C、D. 分别为金瓜炭疽病菌的刚毛和分生孢子

湿腐病症状：湿腐病俗称湿烂，发病初期呈水渍状圆形至不规则形、1厘米左右的病斑，以后逐步扩大至整个果实，并软腐伴有液体流出，后期病果表面产生白色的分生孢子堆；病原菌为茄病镰刀菌（*Fusarlum olani*）（图10-1）。

炭疽病症状：发病初期病斑成浅棕色，圆形，以后逐渐扩大，其大小通常为5～50毫米。严重时，可扩大至整个果实，发病后期在病斑上形成黑褐色同心轮纹状分生孢子座，并于其上产生砖红色分生孢子堆，通常不发生整果腐烂；病原菌为瓜类炭疽病原菌（*Colletotrichum lagenarium*）（图10-1）。

红腐病症状：发病初期，病斑呈水渍状，圆形或不规则形，以后扩大至整个果实。并伴有白色绒毛状菌丝或砖红色分生孢子堆出现；病原菌，主要是串珠镰刀菌（*Fusarium moniliforme*）和锐顶镰刀菌（*F. acumiuaium*）组成。

青霉病症状：初成灰色水渍状斑，大小为1厘米左右。以后扩大至近6厘米，并出现灰褐色分生孢子；病原菌为青霉菌（*Penicillium* sp）。

（二）贮藏前的准备工作

新鲜金瓜采收后，含有较高的水分和热量，若不及时降温，排除田间热，在贮运过程中就不易将体温降到适宜温度，加上在搬运装卸时难免遭受的机械损伤，遇到高温高湿就容易感染病菌，必然造成腐烂，故金瓜采收后必须立即进行预贮。其目的在于降低体温，散发田间热并愈合伤口，同时适当散发表皮水分，使果实表面形成一层柔软的凋萎层。凋萎层一方面能抑制内部水分的继续蒸发；另一方面能防止产生新的机械损伤。经过预贮处理，已受伤的表皮组织往往变色或腐烂，便于选别时识别剔除。

（三）主要的贮藏方法

由于金瓜较耐贮藏，因此，常采用下面两种贮藏方法。

1. 堆藏 室内堆藏是将金瓜直接堆放在库房或普通房屋内。堆放前地面上先铺一层草片或稻草，上面堆放金瓜。摆瓜的方向一般要求和田间生长时的状态相同，高度以5～6个瓜高为好，并要适当留出通道，以便检查。

2. 架藏 贮藏室内用木、竹或角铁搭成分层贮藏架，铺上草包或芦帘，将瓜按田间生长状态单层斜放在架上。这种方法透风散热效果比堆藏好，仓位容量也比堆藏大，观测、检测比较方便，目前多采用此方法贮藏金瓜。

除传统贮藏方法外，还可采用气调库贮藏。但气调保鲜投资过大，而且金瓜对 O_2 和 CO_2 浓度的反应并不明显，低温低湿比气调更有效果，所以并不适用。

金瓜在贮藏期内应保持温暖干燥的环境，适温10～13℃，相对湿度50%～70%。因此在前期外界气温较高时，要在晚上打开窗户通风换气，白天关闭遮阳，避免阳光直接照射，室内保持空气新鲜、干燥、凉爽。后期外界气温较低时，要关闭门窗，注意防寒保暖，室温应保持在0℃以上。经常检查，发现烂瓜应及时剔除，防止传染蔓延。这样处理金瓜一般可贮藏至元旦到春节上市。

四、金瓜的加工

（一）盐渍金瓜丝

金瓜采收期较短，贮藏期易腐烂，烂瓜率一般在40%左右，发病率高的可达60%～80%，损失较大。因此，可采用传统加工的方法与现代加工新技术相结合，生产优质的金瓜丝产品，以满足人们的需求。

1. 工艺流程

原料选择→清洗→切瓜→盐渍→取丝→装（桶）包。

2. 操作要点

（1）原料选择　选择春季生产的、瓜形圆整、瓜皮黄色、光滑、无病虫斑、单瓜重量 1.5 千克以上的老熟金瓜为原料。

（2）清洗、切瓜　在流动的清水中洗净瓜表皮污物，然后用刀切除瓜蒂和瓜柄，并将瓜纵切和横切成 4 瓣，除去瓜瓤和瓜子。

（3）盐渍　将瓜片放入盐渍池内，按每 100 千克瓜片加入 8 千克食盐的比例，一层瓜片一层盐，层层压紧，直到把池子腌满为止，并铺上竹栅压上石块。24 小时后应及时进行翻池，并按每 100 千克瓜片加入 10 千克食盐，层层加盐压实后铺上竹栅压上石块。一周后可取丝包装。

3. 成品要求　产品保持一定的色泽、脆度等风味。保质期达 6～12 个月。

（二）软包装金瓜丝

1. 工艺流程

盐渍金瓜丝→脱盐→硬化处理→生物保鲜处理→调味→装袋→真空封口→杀菌→冷却→检验→成品

2. 操作要点

（1）脱盐　将盐渍金瓜片取出，用匙将瓜片中瓜丝拉出，并剔除瓜丝中的瓜皮、结块等杂质，放入流动清水中反复漂洗至无咸味，捞出沥干。

（2）硬化　将脱盐后的金瓜丝放入 0.2%的氯化钙溶液中浸泡 20 分钟进行硬化处理，以确保瓜丝的脆度。

（3）生物保鲜　瓜丝在 0.3%的生物保鲜剂溶液中浸泡

处理 20 分钟，然后捞出沥干，对微生物的生长、繁殖具有良好的抑制作用。

(4) 调味和配方　在 100 千克金瓜丝中加入以下调味料：砂糖 7.5%，精盐 1.5%，冰醋酸 5‰，味精 3‰，胡椒粉 2‰，红辣椒丝 1%，香油适量，拌均匀后及时装袋。

(5) 杀菌　软包装一般采用铝箔复合袋，笼格为 130 毫米×170 毫米，装量为 170 克，沸水杀菌 15 分钟（即水煮沸后加入，待再沸时计算时间为 15 分钟）。铁罐装量也为 170 克，杀菌时间较软包袋增加 3 分钟，即为 18 分钟。杀菌后要及时用流动水冷却。

(6) 软包装袋上留有的水珠或油污等，用棉絮擦净，同时挑出不合格产品，提高商品价值。

3. 成品要求　产品可保持金瓜原有的色泽、脆度等风味。保质期可达 6 个月。

(三) 罐头金瓜丝（酸辣金瓜丝罐头）

1. 工艺流程

原料选择→清洗→切瓜→蒸煮→取丝→控水→调味→装罐→排气密封→杀菌→冷却→检验→成品

2. 操作要点

(1) 洗瓜　将金瓜表面的泥土逐个洗净，再放置在流动水中冲洗一次，使金瓜彻底洁净。同时挑出未发现的烂瓜，以防产品混杂，降低质量。

(2) 切段　将金瓜横切，以增加瓜丝的长度，一般切瓜成 3 段，特大的金瓜可切成 4～5 段，每段长 4～5 厘米。

(3) 除去瓜子　将金瓜段中瓜瓤和籽全部除净。

(4) 预煮　在预煮水中加入氯化钙 0.3%和柠檬酸 0.1%，煮沸后倒入金瓜段，约煮 10～15 分钟，用手或木棒轻轻转翻瓜段，待有软感之时，及时捞出，并控出瓜丝中水分。

(5) 控水　刮丝后的瓜丝含水量仍较高，可以加入1%的精盐拌和，放置20分钟，再采用离心或压榨的方法控去瓜丝中15%左右的水分，不能控水太多，否则会减少成品的数量，还会使之老化。

(6) 调味和配方　在100千克金瓜丝中加入以下调味料：砂糖7.5%，精盐1.5%，冰醋酸5‰，味精3‰，胡椒粉2‰，红辣椒丝1%，香油适量，拌均匀后及时装罐。

(7) 过磅　按装罐量称重，允许有2%的误差，但不得低于规定重量。

(8) 装罐和封口　马口铁罐必须经消毒后使用。一般马口铁罐采用真空封口机封口。

(9) 杀菌　软包装一般采用铝箔复合袋，笼格为130毫米×170毫米，装量为170克，沸水杀菌15分钟（即水煮沸后加入，待再沸时计算时间为15分钟）。马口铁罐装量也为170克，杀菌时间较软包袋增加3分钟，即为18分钟。杀菌后要及时用流动水冷却。

(10) 擦净与检查冷却后，将马口铁罐或软包装袋上留有的水珠或油污等，用棉絮擦净，同时挑出不合格产品，提高商品价值。

3. 成品标准　酸辣爽口，瓜丝脆嫩，口感清爽，酸辣可口。保质期达到两年。

(四) 速冻金瓜丝

1. 工艺流程

原料选择→清洗→切瓜→蒸煮→取丝→淋水→速冻→装袋→称重→真空封口→装箱→冷藏→出库

2. 操作要点

（1）洗瓜　将金瓜表面的泥土逐个洗净，再放置在流动水中冲洗一次，使金瓜彻底洁净。同时挑出未发现的烂瓜，以防产品混杂，降低质量。

（2）切段　将金瓜横切，以增加瓜丝的长度，一般切瓜为 3 段，特大的金瓜可切成 4～5 段，每段长 4 厘米。

（3）除去瓜子　将金瓜段中瓜瓤和籽全部除净。

（4）预煮　在预煮水中加入氯化钙 0.3%和柠檬酸 0.1%，煮沸后倒入金瓜段，约煮 10～15 分钟，用手或木棒轻轻翻瓜段，待有软感之时，及时捞出，并控出瓜丝中水分。

（5）冷却　将预制金瓜段放于流动冷却水中，冷却至 40～50℃，准备刮丝。

（6）刮丝　经预制后的金瓜干自然成丝，用竹片将瓜丝刮净，以提高其出丝率，并将糊状丝或僵丝块绒头挑出，以提高商品质量。

（7）控水　刮丝后的瓜丝含水量乃较高，可加入 1%的精盐拌和，放置 20 分钟，再采用离心或压榨的方法控去瓜丝中 15%左右的水分，不能控水太多，否则会减少成品的数量，还会使之老化。

（8）速冻　要求在－35℃下迅速冻结，真空封口，放入冷库冷藏。

3. 成品标准　加工后的速冻金瓜丝产品能较好地保持原有的营养、风味、色泽，且保存时间较长，达到 6 个月。

（五）金瓜精口服液

金瓜具有防癌、治病、驱虫、保护视力、医疮等多种功效。以金瓜全粉为主要原料加工而成的金瓜精口服液既保持了全粉的基本营养成分，又克服了全粉的上述缺点，其主要工艺要点如下：

1. 主要原料金瓜全粉质量要求 粒度10～20目之间，色泽淡黄至金黄，质地疏松不结块，具金瓜清香，无异味。

2. 萃取操作 称取金瓜全粉5份（重量，下同）装于索氏提取器中，添加45%的食用酒精水溶液175份，于100℃条件下加热回流萃取4小时。

3. 减压浓缩 将萃取液在减压条件下进行蒸馏，回收酒精溶剂（供调整浓度后反复使用），操作压力8～20千帕，温度60～90℃，浓缩比（15～20）：10。

4. 复配 取上述浓缩液100份，加入甜味剂0.13份、酸味剂0.08份、甘草浸膏0.13份，混匀并均质。

5. 灌装压盖 均质后即进行灌装，每瓶100毫升，并马上压盖封口。

6. 杀菌 在85℃水浴中恒温杀菌30分钟，分级冷却至常温即为成品。

（六）低糖金瓜果酱

金瓜的维生素含量较高，而含糖量却很低。用金瓜加工成的低糖果酱，色泽金黄，质地细腻，酸甜适口，具有金瓜特有的风味，深受消费者的欢迎，加工金瓜果酱，不失为一项增收的好门路。其加工方法如下：

1. 选料清洗 选择黄色、无病虫害、未受污染的成熟老瓜，用清水或中性洗涤剂冲洗干净。

2. 切瓣破碎 用不锈钢刀将金瓜切开，掏净瓜子、瓜瓤，洗净后放入破碎机内快速打碎，破碎粒度为1～1.2厘米即可。

3. 预热打浆 破碎后的瓜块要立即送入预煮器中加热，

然后送入打浆机内打浆。一般用双道打浆机，以除去瓜皮和坚硬的组织；二道筛主要去除粗纤维。

4. 调配浓缩 使浆料流入配料罐中，加入蛋白糖和甜菊糖调整甜味，用柠檬酸调整酸度，用少量甲基纤维素钠或明胶来提高胶质性能，然后放入真空浓缩箱内浓缩至可溶性固形物，浓缩温度65～75℃。

5. 加热灭菌 将浆料加热至85℃，进行热分装和封盖，然后放在杀菌锅内，在100℃沸水中灭菌20分钟。

6. 冷却检验 灭菌后取出自然冷却至40℃以下即为成品。入库前要检验其灌装量、封盖状况、浆内有无异物及其他异常情况等。

（七）金瓜糕

1. 工艺流程

原料预处理→预煮→粗磨→细磨→煮制→起锅→装盘→冷却→切块→加糖→烘干→包装→成品

2. 操作要点

（1）选料 选用肉质肥厚、含糖量高、纤维少、充分成熟的金瓜为原料。

（2）预处理 原料放入洗涤槽中，用流动清水充分洗净其表面的泥沙等，去掉瓜皮，用不锈钢刀将其剖成两瓣，去除籽瓤。

（3）预煮 在处理后的原料中加入约占原料重50％的水，加热煮至金瓜片变软为止。

（4）磨浆 煮后的原料冷却至60℃后，送入多道打浆机中打浆，或在胶体磨上磨成浆亦可。

（5）加糖煮制 在浆料中加入原料重50％的糖，配成的浓糖液进行煮制，直到可溶性固形物达到75％～80％为止，再加入原料重3%的明胶（明胶先用适量热水溶化），大约煮10分钟后加几滴柠檬香精并加柠檬酸溶液，使浆料pH达到3.0即可结束煮制过程，起锅后倒入白瓷盘内。

(6) 冷却、加糖　把白瓷盘放到阴凉处凝冻10小时，待制品呈凝固状时，用小刀切成块状。在块状物上面均匀撒上一层白砂糖，然后送入烘箱内。

(7) 烘烤、包装　烘烤时温度控制在55～60℃，烘6～8小时，烘烤后冷却至常温。将产品分装到薄膜袋内，封口后即为成品。

(八) 酿造金瓜酒

新法酿造金瓜酒具有生产周期短、出酒率高、品质好、风味独持、酒味醇厚绵甜、后劲强等特点。

1. 原料处理　选择老熟、外皮发亮、无腐烂、无病斑的金瓜，削蒂、洗净后开瓜去瓤，切成长宽各为3厘米、均匀一致的小块。

2. 蒸料拌曲　蒸锅加入适当清水，放上铝帘并用帘布铺好，加热至水沸时将金瓜块倒入蒸锅摊平、压实，盖上铜盖。旺火蒸熟后，用铝铲铲出（忌铁器），倒入木制拌料槽内，用木槌捣碎成泥糊状，待其冷却至不烫手时，每50千克金瓜泥加0.3千克高产薯酒酒曲，搅匀，摊开冷却。

3. 入缸发酵　在预先消毒的陶瓷大缸内按原料的3倍加入冷水，将金瓜泥倒入缸内并用木耙充分搅拌，然后盖上薄膜，用皮筋勒紧，密封发酵。发酵期间搅拌5～6次，发酵过程必须密封，否则会降低出酒率。发酵室内温度要始终保持25～30℃，最佳温度为30℃。发酵96小时后，缸内料液反应结束，液面澄清且变成茶色时即可蒸馏，提前蒸馏会影响出酒率，降低品质。有条件时也可以用密闭式带冷却器的发酵桶发酵。

4. 蒸馏出酒 冷凝器注满冷水，将发酵好的料液盛入蒸煮锅，放入木耙，盖上铝锅盖和上气杠，并将各连接处的水槽注满水密封。出酒孔开始出酒时，停止拉耙并用布塞紧耙孔。初流淌出来的酒度数最高，以后逐渐降低。

5. 摧陈 金瓜酒用无砂眼、无破损的小口径陶瓷容器装好，放置阴凉处密封10天，口感更佳。

（九）五香金瓜饼干

选择成熟适度（一般要求九成熟）、无病虫害、纤维量少的金瓜作原料。将金瓜洗净、去皮、去瓤，取出瓜子，然后将瓜肉切成块。将切成块的瓜肉置于锅内，加入清洁的水，按瓜肉与食盐为10∶0.2的比例放盐，在锅中煮烂。将芝麻、大蒜、红辣椒、姜洗净去杂、烘干、粉碎，再将香菇煮熟搅拌成糊状。上述辅料的增减可根据口味的需求而定。将上述辅料一同加到煮烂的金瓜中，充分搅拌后，置于定型器中，可做成圆形、方形，呈饼干状。将成型的金瓜饼干置于烘箱中，在65℃下烘干，即得成品。按市售糕点形式包装，应做到密封。

（十）金瓜粉

金瓜盛产期，选择皮较硬、成熟期长、肉质呈橘红色的瓜，洗净去蒂、去皮、去籽。切成丝，放入清水中浸泡1小时，脱水取出。选一块干净地方，铺上纱布，把洗好的金瓜丝摊在上面，自然风晾干或晒干。将金瓜丝摊开放入烘箱，将温度调节到60～80℃，烘8小时左右，手感干透时取出。先将粉碎机消毒、晒干，然后把金瓜丝粉碎成细粉状。把粉碎过的粉末过筛，放入陶瓷盘中，粗粒可再粉碎。把过筛的粉末放入烘箱，温度调节到80℃，烘2小时即可包装。

（十一）金瓜糊

选肉厚、个大、老熟、纤维少的品种，清洗后刮去外皮及内瓤，适当切分后，用打浆机磨成粒状的泥浆，按每千克原料加水 0.25～0.3 千克，加热煮沸成糊状。再按每千克原料加 0.5 千克糖放入夹层锅，煮制浓缩至可溶性固形物达 55%，加入适量柠檬酸和香草油或香精，再浓缩到可溶性固形物达 60%～62%时停止，要求此时含酸量为 0.51%以下。趁热装罐、封口、杀菌、冷却即成。

（十二）金瓜脯

选用成熟度适当，无腐烂、无霉坏的金瓜，削去外皮，挖去瓜瓤，切成厚度 0.8～1 厘米的小块，长度不限。将瓜条放入 2%食盐水中浸泡 4～6 小时，捞出，用清水洗，再放入 4%石灰水中浸泡 4～6 小时，捞出后用清水冲洗 2～3 次，再用清水浸泡 2～4 小时，并换清水浸 12 小时，以脱净残留的石灰。把浸好的金瓜条放入 pH 为 3～4（可用柠檬酸或醋酸调节）的水中煮沸 3～5 小时，捞出置于凉开水中快速冷却。浸好的瓜条用糖渍，按每 50 千克瓜条用糖 12 千克，拌匀，装入缸中并在面上撒一层白糖。将糖渍 24 小时后的瓜条倒入浓度为 45%的沸腾糖液中，继续糖制 24～48 小时，再分两次糖煮。第一次糖液浓度 50%，煮 8～10 分钟；第二次糖液浓度 70%，煮至瓜脯呈透明状、无白心时出锅，最后在原糖液中浸泡 24 小时。再捞出沥干瓜脯，用 60～65℃温度烘烤至不粘手，将瓜脯晾干，检验、整理、包装后即为成品。

（十三）金瓜软糖

金瓜软糖风味独特兼有保健食疗作用，制作工艺如下：配料，金瓜 15 千克、白砂糖 7 千克、明胶 450 克、柠檬酸

40 克、香精 3 毫升、食用色素 0.2 克。化糖时，取 6 千克白砂糖加入 2 500 毫升水入锅熬煮，并不断用木铲搅动以防沉底，熬至锅内起大泡时为止，用 4 层纱布过滤。倒入金瓜泥后用木铲搅匀，待加热 50 分钟后，放入明胶，继续加热 15 分钟，然后加入其他配料。出缸时加香精，趁热倒入平盘，置阴凉处凝冻 10 小时。将金瓜糖膏用不锈钢刀切成块状或条状，再撒上余下的 1 千克白砂糖拌匀。置于 30℃烘房内烘干，待凉后包装为成品。

（十四）金瓜米酒

选取老熟的金瓜，在其斜上方用刀切一个约 3 厘米见方的小口，切时要尽量做到刀口整齐，切下的金瓜盖应外宽里窄，以取下能再盖回去为准。将酒曲用少许温水化开，一个金瓜的酒曲用量相当于做 1 千克米酒的用量，也可酌量增加一些，以加快成酒速度，从切口处倒入瓜内，然后将切下的金瓜盖盖好，用洁布或胶布将口封严。由于这一过程，均需用手操作，所以应特别注意卫生，并尽量在较短的时间内完成，以避免瓜内被杂菌污染。将处理好的金瓜放在较温暖处，3～7 天即可开盖（切口）取酒。取酒前可先将金瓜摇一摇，若听到瓜内有水晃动的声音，则说明酒已酿好。每次取酒时，不要全部取完，可保留原酒的 1/4，然后封盖好。过几天再取，直至金瓜只剩一层薄薄的外皮。

（十五）金瓜保健酱油

利用发酵方法酿制的金瓜酱油，除具有普通豆类酱油的色泽、香气及鲜味外，还具有较高的保健功能，较为畅销，效益好，是致富新门路。将皮黄发亮，熟透了的金瓜在阴凉处堆放 3～5 天，使瓜内淀粉转化为糖分。清洗外表后，将金瓜切成 5 瓣，把瓜瓤抠出来，并切去瓜柄、瓜端的硬厚皮。把干净的金瓜肉切成小块，晾晒1～2天后上蒸笼蒸。当蒸汽上升到笼顶后，再蒸30～50分钟，即可蒸熟蒸透。将蒸好的金瓜倒在筛子或簸箕中，按2%～3%的比例撒上面粉，搅匀后铺放在席上，厚5厘米。最后在上面盖一层干净的纱布或棉纸。将搅拌好的原料放在房内，经过5～7天发酵，原料上面渐渐长出一层白毛，7～8天后白毛变成黄花、红花或绿花，此时揭去上面的纱布或棉纸，迅速晒干。将发酵好的干料放在瓷缸内，每百千克干料加入600千克5%的食盐水，曝晒，每天搅拌3～5次，7～8天后再变成黑红色，并散发出芳香的酱油气息，此时加入冷开水至原来水位，再晒10～15天即可。用纱布过滤，除去酱油内的余渣及杂质。取花椒、胡椒、八角、桂皮各0.2千克，老姜0.6千克，食盐22千克，加入100千克食用水煮沸1～2小时即为调味液。将酱油过滤液与调味液按照1∶1的比例混合后煮开，搅拌冷却后加入少许味精和0.05%的柠檬酸，搅匀，即为金瓜酱油。

第十一章　佛手瓜保鲜与加工技术

一、概述

佛手瓜为葫芦科佛手瓜属植物，为当今世界各国普遍重视的蔓生蔬菜作物。佛手瓜果实似梨形，稍扁，每个瓜重200克左右，有绿、白、黄、紫、红等多种颜色。

绿皮种又称青皮种，果皮浅绿至深绿，生长势强、丰产。果实稍有青臭味，风味较其他品种略差。目前，我国栽培的大部分为绿品种。

白皮种生长势较弱，茎细而短，结瓜较少，产量较低。果皮颜色较浅，淡白色、淡白绿色、淡白黄色、象牙色及奶油色均有。果皮有似绿皮种，也有细圆光滑、无纵沟者。白皮种的品质较佳，目前欧美市场需求的主要是白皮种。

佛手瓜是20世纪80年代以来受到重视的蔬菜作物。有的国家还将其当作粮食作物。其果实、嫩梢和地下块根皆可食用，味道鲜美、营养丰富。

佛手瓜含丰富的营养成分。据吴昭其分析，佛手瓜每100克鲜重含蛋白质1.8克、脂肪0.5克、碳水化合物4.3克、钙20毫克、磷10毫克、铁1.4毫克、维生素C 16毫克。其中蛋白质是黄瓜的3倍，钙和维生素C是黄瓜的2～3倍，铁是黄瓜的10倍多。其他营养成分也高于许多瓜类。

尤其值得一提的是佛手瓜的嫩梢的营养成分，据烟台师范学院生物系分析，其蛋白质含量达 4.52%，是果实的 2.5 倍，铁含量为每百克鲜重 3.04 毫克，是果实的 2 倍多，其他矿质元素钙、磷、镁、锌等也明显高于果实。佛手瓜嫩梢作蔬菜炒食正被许多人接受，我国台湾省将佛手瓜嫩梢称为“龙须菜”，其内外销量甚至超过果实。

二、贮藏

（一）佛手瓜贮藏期间的生理变化

佛手瓜采收以后，呼吸作用成为其表现最为明显的生理活动。这一过程的实质是瓜体自身的有机物，在各种酶的参与下被逐渐氧化分解成简单的有机物，最后形成二氧化碳和水并放出能量的过程。可以说，贮藏期的呼吸作用基本是一个消耗过程。整个贮藏期间，都应当尽可能降低瓜体的呼吸作用，以减慢营养物质的消耗速度，延缓衰老过程，提高贮藏质量。

另一方面，佛手瓜采收后，虽然不再能通过光合作用增加干物质总量，但其体内一些合成过程仍在进行，如蛋白质的合成、形成新的细胞等。这些过程所需要的能量和原料要靠呼吸作用提供，如果呼吸作用失调，这些过程就不能正常进行，甚至发生生理病害，导致贮藏质量下降。因此，佛手瓜在贮藏期间要保持尽可能低，但又是正常的呼吸作用。

佛手瓜贮藏期间的呼吸强度与环境条件有密切关系。其中温度是影响呼吸强度的重要因素。在一定范围内随着环境温度的升高，瓜的呼吸强度也增加。而较低的温度下，瓜的呼吸强度明显减弱。因此，秋季佛手瓜采收后，有条件时要及时贮入冷库，库房也应尽快调节到适宜的低温范围。试验表明，佛手瓜的贮藏温度以 3～5℃为宜。超过 10℃，呼吸作用过旺，营养物质损失大，甚至生根发芽，严重降低食用品质。佛手瓜的贮藏温度也不可过低。

（二）佛手瓜贮藏前的准备工作

要搞好佛手瓜的贮藏保鲜，首先要做好入贮前的准备工作，如采后预冷、入贮瓜的挑选以及贮藏场所的消毒工作。

1. 预冷 在田间选取阴凉通风处，先将地铺一层约 10 厘米的细沙或碎草，然后将瓜细心地成层摆放，整个瓜堆高约 0.5 米，宽 1.5 米，长度不限。这样可以依靠夜间自然对流的冷空气带走瓜体的田间热。在白天要注意遮荫，避免阳光直射。为了减少水分蒸发，瓜堆上还要搭盖塑料布，但要注意傍晚应揭开一段时间，以利通风。在深秋季节，夜间必要时还应加盖草帘，以防冻害。这样直到寒潮来临前才可将瓜入室贮藏。

2. 入贮瓜的挑选和消毒 佛手瓜的伤病情况与贮藏效果关系极大。一些危害严重的贮藏病害如棉腐病、黑斑病等都是瓜在田间即带菌的，受过机械损伤和冻害的瓜则更容易在贮藏过程中腐烂。因此，为保证贮藏质量，预冷前必须对将入贮的瓜进行严格挑选，认真消毒。一般应先剔去受伤、受冻和过分幼嫩的瓜。然后对入贮瓜用 800 倍的多菌灵溶液浸泡 5 分钟，捞出沥干水分后即可预冷、入贮。与多菌灵效果相仿的防腐药剂还有苯莱特、托布津和甲基托布津等。

3. 入贮场所的消毒 先按库房容积计算，每立方米需用 5 克高锰酸钾、10 克甲醛。然后在房内将高锰酸钾和甲醛依次倾入玻璃或瓷质容器中，人员立即退出，并紧闭门窗。3 天后开窗换气，两周后可以将瓜入库。除甲醛和高锰酸钾外，也可以用硫磺熏蒸或喷洒 5%的福尔马林及石灰水，效果也很好，用硫磺熏蒸时要注意每立方米库房需用硫磺 50 克左右，以木渣点燃即可。熏过后，库房密闭 24 小时后，然后开窗通风换气。

(三) 常用的贮藏方法

1. 埋藏 埋藏的地点应选取在地势高燥、背风的地方。入贮前，先开挖东西向的深约 1 米、宽 1.5 米，长度不限的贮藏沟。注意沟深应根据当地的气候条件而定。气候较温暖地区宜浅，气候寒冷地区要深，原则是在冻土层以下贮藏而又避免埋土过深。沟挖好后，先在沟底层放一层砂土，然后排放一层瓜，再撒一层砂土，才放第二层瓜，以此类推，堆放瓜 5～8 层。这种方法可以避免病害的传染和蔓延。要注意，瓜初入贮室时，其最上层仅覆一层薄土，不致受冻即可，切不可一次覆土过厚，从而引起瓜堆发热，造成烂瓜。入贮以后，要随天气渐冷而逐渐加厚覆土层，一般可分 3～4 次覆土，最后覆土厚度应达到 50～80 厘米，覆土要高出地面。

为解决入沟内通风问题，可在沟内隔一定距离埋几个用玉米秸或麦草把做成的“通风塔”，以利沟内通风换气。

贮藏期间及时了解贮藏瓜的温度高低，以采取不同的措施是非常重要的。为了测量沟内温度，应预先在沟内埋好竹筒做成的测量筒，需要时可将温度计吊入筒内，进行温度测量。

埋藏过程中还要注意及时扫除沟顶积雪，防止雨水渗漏，以免水分过大，造成瓜烂。埋藏法贮藏的佛手瓜可长期保持新鲜如初，自然损耗和腐烂率都很低，且成本低，方法简便。缺点是不易对入贮瓜随时进行检查。春季土温上升后要及时结束贮藏。

对少量瓜进行家庭贮藏也可以使用埋藏法，湖南农村家庭常于霜降前于凉冷闲屋内将瓜以湿沙埋起，经过一冬的贮存，春季取食或做种瓜均可。

2. 窖藏 窖藏是一种建造方便、管理容易、性能良好的贮藏方式。窖藏是我国北方贮藏佛手瓜最常见的方式之一。

佛手瓜入窖时应先从窖的一角垛起，一般瓜垛堆到1米高即可。垛瓜时注意不要贴近四壁，以免观察、管理不便，垛顶也要留出足够的空间，以便通风换气。此外，垛放时还要注意留出管理通道。

窖藏的管理是一件经常性而且很细的工作，其主要内容是温度、湿度和气体成分的调节，其中最主要的是温度调节，温度主要是根据气温和地温的变化情况，经通风换气来调节，同时也可以对窖内湿度和气体成分加以调节。综合起来看，窖藏的管理工作可分为三个阶段。第一阶段是从入贮到12月上旬，大约1个月。这一期间气温较高，加之初入窖的佛手瓜自身带热量较多、呼吸强度高，易造成窖内高温多湿。因此应将窖门和通风装置昼夜打开，以利换气散热。这一段时间内，要随时检查窖温，以防温度升高。

从12月中下旬到翌年2月中旬是管理工作的第二阶段。这一期间，天气变冷，气温显著下降，窖外气温已低于窖内贮藏适温，因此管理工作重点应以保暖防寒为主。期间通风换气设施要全部关闭，窖门也要注意尽量少开。根据窖温和气温情况必须进行换气时，只能选择较温暖天气的中午进行短时间换气，以排出窖内浊热废气。

第三阶段为2月下旬到3月下旬。此期天气渐暖，起初，大气温度超过窖内适宜低温。以后窖温也随之升高，窖内湿度也明显增大，此时管理不当，很容易引起烂瓜或大量发芽。这段时间，为防止窖温迅速回升，应采用第一阶段的通风设施，进行通风换气。如果窖温继续升高，还要逐渐减少覆盖物，到3月中旬可除去全部覆盖物。在第三阶段中，当气温回升到15℃以上时，窖内温度可维持在4～8℃，相对湿度在85%～95%之间。

3. 室内堆藏 室内堆藏也是目前采用较多的贮藏方法。其做法是，利用空闲房屋，经消毒后，地面铺草或细沙，选无病害、无机械伤的佛手瓜入室堆放。注意瓜堆不要过高，过宽，以便于散热和及时检查，一般高1米、宽1.4米即可。室内堆藏的管理较为简单，主要是调节室内温度。入贮初期，可以每天夜间开窗，以利换气散热。入冬以后，要注意保暖。除关闭门窗外，瓜堆还要加盖草帘等防寒，必要时室内还要生煤炉以提高温度。开春后，随天气转暖，室温也很快回升，这时又要于夜间多开窗换气，以免室温回升过高，同时要勤倒堆，及时拣出烂瓜，防止病害传播。

室内堆藏的缺点是，温度波动大，需采取措施调节温度，切不可造成室温降至0℃以下而招致严重冻害。室内堆藏的另一不足之处是往往室内温度过低，自然损耗加大。解决的办法一是瓜堆加盖塑料薄膜，甚至入贮时每个瓜套一个小塑料袋（不扎口），二是经常向地面、墙壁洒水，以增加湿度。

4. 通风库贮藏 通风库贮藏为自然温度贮藏方法中，贮藏时间较长、效果较好的一种贮藏方法。

与一般房舍比较，通风库具有较好的隔热材料和高效的通风设施，能利用库外气温变化差异进行有效的通风，以降低库温、排出贮藏期间湿热的污浊气体。在严冬季节，能利用建筑的良好隔热性能，防止库内温度降低过多，春暖后又不致库温升高过快。

佛手瓜入贮后，通风库的管理原则与窖藏基本相同，管理工作的重点也是根据库内外温度状况，灵活掌握通风量与通风时间，以调节库内温、湿度至最适状态。佛手瓜入贮后的前几天应以夜间低温空气进行通风换气。严冬季节以保温为主，通风仅在中午气温较高时适当进行。通风库内湿度不足时，可采用进气口放置湿麻袋或地面喷水等方法来提高库湿度。要求库内相对湿度应达到85%～95%之间。

5. 家庭贮藏 少量佛手瓜应在家庭贮藏。家庭贮藏的方法很多。我国广大农村常用的有缸藏、筐藏、箱藏等多种。

缸藏在我国南北各地应用甚为普遍。将水缸洗刷干净，放阴凉处，先盛入15厘米厚的清水，在高出水面10厘米处放一木制带孔隔板，然后把佛手瓜层层排放于隔板之上，装满缸后要立即用塑料布或牛皮纸将缸口封严。注意严冬时节要采取加草帘等防寒措施，避免缸内结冰，贮瓜受冻。缸藏法可以保持较高的湿度，三四个月后取食时，瓜仍能保持鲜嫩，食用价值较高。此外，缸内还能积累较多的二氧化碳，从而改变空气组分，具气调贮藏的效果。

箱藏在山东及台湾省应用较多，一般家庭生产的少量的佛手瓜多贮藏于箱内过冬，以供鲜食或做种。其方法是：选清洁无味纸箱，底部垫几层包装纸，将每个贮瓜也用包装纸包好，整齐地排入箱内。装满后其上再搭盖一层塑料布，箱两侧穿几个小洞做通风孔。严冬前将箱搬至室内放置。贮藏期间可检查几次，及时清除烂瓜。对做种瓜应在育苗前移到15～25℃温度处催芽，准备育苗。

筐藏简单易行，又可随时移动，便于运输、销售。佛手瓜筐藏在山东多利用紫穗槐条编制的苹果或梨筐，价格低廉，使用方便。佛手瓜入贮时，先在筐底放几层包装纸，然后将瓜轻轻放入筐内，装满后上盖两层牛皮纸。入贮初期，注意筐底以砖架起，并将筐成品字形叠放，以后在封冻前多利用夜间开窗换气，严冬来临时关闭门窗保温，注意不可使室温降至0℃以下，必要时瓜筐应加盖草帘、棉被等保温。气温过低时要生火取暖。应当注意，春天气温回升时，要及时倒筐，剔去烂瓜。

三、加工

（一）佛手瓜原汁饮料的加工

1. 工艺流程

佛手瓜→清洗→切半挖软核→破碎→打浆→胶体磨→过滤→一次均质→调配→脱气→预热→二次均质→灌装→真空封口→杀菌→冷却→成品包装

2. 操作要点

（1）原料筛选　选择七八成熟的新鲜佛手瓜，用清水洗净上面的茸毛，然后用特制弧形刀切半挖软核。

（2）打浆、过滤　用斩拌机快速使佛手瓜斩碎，立即打浆，胶体磨，用80目筛绢滤布过滤，以免多量的纤维直接影响产品的感官质量。

（3）稳定剂的选择　通过实验得到，可选用复合稳定剂黄原胶970号和耐酸性羧甲基纤维素钠。一方面，使产品成为均匀多相系胶体，无分层析出及絮状沉淀漂浮现象；另一方面，该产品稠度适中，口感滑腻。

（4）调配　将砂糖、柠檬酸、稳定剂等溶解，绢布过滤后，加到盛原汁的不锈钢集液桶内。边搅边加入适量亮蓝和柠檬黄，至所需刻度。

（5）脱气、均质　脱气是该产品加工的关键，一是驱除果汁中的氧气，以防褐变，保持维生素 C 含量；二是使植物细胞壁有效破坏，为产品形成多相系胶体打下基础。脱气要求 0.06 兆帕，均质压力为 13～20 兆帕。

（6）预热、灌装　灌装前需对料液盘管加热，温度控制在 85℃以上，采用自动连续灌装机进行灌装，密封，要求真空度在 5.3×10^{4} 帕。

（7）杀菌、成品包装　在 108℃下杀菌 15～20 分钟，迅速冷却至 35℃以下，及时擦罐，保温检查；成品包装。

（二）佛手瓜凉果

1. 工艺流程

佛手瓜→腌制成半成品→切块→清水漂洗→糖渍→干制→包装

2. 操作要点

（1）去皮、切片　瓜皮中，特别是成熟度比较高的原料皮中含有大量的膳食纤维，其对食用时的口感有很大影响，所以要去皮。去皮和切分也有利于渗糖。

（2）清水浸泡　对腌制过的佛手瓜必须用清水漂去部分盐分，同时除去焦亚硫酸钠。

（3）糖制　用腌制与煮制的方式使糖充分进入瓜中。

（4）中草药等味的渗入　加入甘草、丁香等中草药，应先将中草药熬制成水，在糖渍过程中一起渗入佛手瓜中。熬制甘草和丁香等时应熬出甘草的风味，佛手瓜条在甘草水中的浸泡时间要足够。

（5）干制、包装　可采用自然风干、晒干。这一工序最好用设备进行，以避免污染。

3. 产品特点 色泽黄色或棕黄色；有加工佛手瓜所特有滋味与气味，有甜味、甘草味或丁香味，无不良气味；组织形态质地柔软，片状或条状，无肉眼可见的杂质，无霉变。

（三）佛手瓜果酱

1. 工艺流程

佛手瓜→切片→水中预煮（软化组织）→打浆→煮制→调味→趁热装瓶→灭菌

2. 操作要点

（1）原料预处理 包括原料选择、除杂、清洗等过程。在原料选择方面，应注意佛手瓜的成熟度在70%～80%即可，不可过度成熟，以防粗纤维太多而影响佛手瓜果酱的外观和口感。

（2）佛手瓜酱的制备 将佛手瓜切片、打浆后，再用胶体磨精磨1次，使酱体细腻，均匀。

（3）煮制 将佛手瓜酱加热煮制，煮制过程中要不断搅拌，加热至沸腾。

（4）调配 趁热加入糖、柠檬酸等，充分搅拌，混合均匀。用柠檬酸调整pH，使之在3.6以下。

（5）趁热装罐 将佛手瓜果酱趁热装瓶（玻璃瓶应先消毒处理）。

（6）封口、杀菌 排气封口后，置于沸水中杀菌15～20分钟。

3. 产品特点 浅黄色，均匀黏稠状，无分层现象。

（四）佛手瓜酱菜

1. 工艺流程

佛手瓜咸坯→整形复制→拔水压榨→初酱→复酱→清洗腌制→装瓶→杀菌→包装检验→成品

↖

稀甜卤、鲜味剂、糖等

2. 操作要点

（1）整形复制　削去老皮、褐斑，去除瓜核，将瓜切成所需要的片、丝、丁状。

（2）拔水压榨　咸坯入拔水池后，加水浸泡1～2小时，进水上下不断搅拌，使漂流物流出拔水池，然后捞起压榨去水备用。

（3）初酱　将拔水压榨后的咸坯灌入榨布袋中，扎好袋口，放入二酱卤中酱制，酱的添加量为咸坯量的70%，酱制1～2天，压尽酱卤和苦卤，剩下的酱称为二卤酱。

（4）复酱　将布袋搓圆入酱缸，头酱的添加量为咸坯量的80%～100%，腌酱时间按品种和季节5～15天，每天捺缸一次，上下翻动口袋中的坯料，使袋中的坯料充分吸足稀甜卤，使菜香甜鲜脆，具有酱香味。

（5）清洗腌制　将酱制成熟的菜放入配制好的清洗卤中清洗。一般情况，稀甜卤∶水为1∶3～4为宜，清洗后加入3%的糖腌制，翻拌均匀后备用。

（6）装瓶杀菌　将酱制成熟的菜装入瓶中，配入稀甜卤、糖、鲜味剂等调料调配好的调味汁，放入蒸汽排气箱中杀菌，要求品温控制在90℃，时间控制在15分钟左右，即为成品。

（五）佛手瓜脯

将佛手瓜果实加盐，分次压、晒成瓜脯，产品奇特，宛如佛掌，增添情趣，体积小、耐保藏，便于运输，取放方便，对调节市场供应尤为有利。

1. 工艺流程

原料选择→洗涤→晾干→加盐→（分次）揉搓实→晒软→整形分级→拌料→包装

2. 操作要点 用软刷子洗刷干净果实表面的尘污，然后将整个果实（或纵切为 1/2）摊置在竹筛上。晒 2～3 天（或不晒），待果实失水，肉质略变软时放入大盆中，加入盐量为原料重的 10%。分次加盐，首次加盐为原料重的 4%，第 2 次加盐约为原料重的 3%，边加盐边揉搓，使果实充分接触食盐。

然后装入干净的瓦缸内，略加压实，缸面略加少量食盐。2～3 天后，从缸中取出晒软，晚上收集入盆中，加盐 3%，揉搓后装入草袋或麻袋中，上压石块。石块大小，一般每块 5～10 千克。首次加石块宜轻，使瓜汁缓缓渗出，不可重压，以免瓜肉破伤。第 2、3 次加压，石块可重些。再过 2～3 天，天气晴朗、有阳光时，摊晒在竹筛上。如此反复 3～4 次，待果肉软化，手抓果实一端向上扳动，略有弹性感时即可将瓜块按形状和大小整形和分级。在复晒第 3 次时，可按需要选用并拌入下列配料：蒜头、糖、酒、八角、茴香、羌姜、五香粉、辣椒等。拌入配料后即可装入瓦缸中，充分压实，缸面撒上剩余的盐量后封口，可较长时间保藏，以待食用或销售。

佛手瓜脯加工注意事项：

（1）配料要与原料充分拌匀，使配料充分渗入。

（2）装缸时，要分层加盐，并且压实，尤其近缸壁处不可有空隙，以免“漏风”而导致产品腐烂变质。

（3）分层装入，每层撒少许食盐，最后一层缸面再撒一层盐，压实后密封缸口。

(4) 按成品固有形状整齐叠放，不乱堆积，尽可能保持产品固有形状。如不用缸藏，将成品装入麻袋后套封在塑料薄膜袋中，以便于保藏和运输，放置干燥阴凉处，保藏期可达半年以上。

3. 产品特点 瓜形扁平完整，不破碎，蜡黄色。宛如佛掌，节日食用，祥意尤浓。润面不湿，咸淡适宜。清甜爽脆，芳香可口。餐厅小菜，亦甚相宜。

(六) 九支佛手

1. 原料选择 鲜佛手 100 千克，甘草渣 3 千克，糖精 200 克，盐 12 千克，矾适量。

2. 原料处理 将鲜佛手切成长 5 厘米、宽 1.6 厘米的小块，切好后放在有适量矾的水中浸泡 2～3 小时。捞起放在沸水中滚一滚。再用清水漂洗去苦味，放在筐里晒干。

3. 加甘草水 甘草渣 3 千克加水煮成甘草水，分 3～4 次倒入佛手中，每次加甘草水须待上一次的晒干后进行，最后一次将糖精 200 克一起加入，晒干即成九支佛手。

(七) 蜜佛手

1. 原料选择 选择果大、无病虫害的新鲜佛手 50 千克为原料。

2. 原料处理 将鲜佛手切成厚约 1.5 毫米的薄片。

3. 浸石灰水 取石灰 1 千克加水溶解成石灰水，佛手片置入其中浸泡 12 小时，颜色由白转黄时，捞出，在清水中漂洗 3 天，每天换水 3 次，漂至佛手片颜色由黄变白，无石灰味时为止。

4. 烫漂 将佛手片放入沸水中浸烫 5～6 分钟，捞出后置于清水中浸泡两天，彻底漂净石灰水。

5. 糖煮　将33千克白糖加水加热熬煮成35°左右的糖液。将佛手片倒入糖水锅里，大火煮制一小时左右，改用文火再煮15分钟左右，糖浆浓缩至65°时，将佛手片与糖浆水倒入缸内糖渍7天。糖渍后的佛手片连同糖浆倒入锅内，再次用文火煮40分钟左右，待糖浆浓缩到65°左右，捞起佛手片，冷却后上糖衣，糖衣用糖量约为8千克。

参考文献

[1] 艾启俊，锦涛．果蔬贮藏保鲜技术．北京：金盾出版社，2001
[2] 张友林．蔬菜贮藏保鲜技术．北京：中国轻工业出版社，2000
[3] 马文，任运宏，张敏．蔬菜的贮存与保鲜．北京：金盾出版社，1998
[4] 陈参良，陆振清．新编特色蔬菜瓜类栽培手册．上海：上海科学技术文献出版社，2001
[5] 苏崇森．瓜菜新优品种高效栽培技术．北京：中国农业出版社，1996
[6] 余善鸣，白杰，马国庆．果蔬保鲜与冷冻干燥技术．哈尔滨：黑龙江科学技术出版社，1999
[7] 赵华．蔬菜贮藏保鲜实用技术．北京：科学普及出版社，1992
[8] 任华中，律宝春．中国瓜菜新品种．北京：中国林业出版社，2000
[9] 苏崇森．名特优瓜菜新品种及栽培．北京：金盾出版社，2000
[10] 周艳白，白晋和．蔬菜贮藏保鲜与加工．北京：科学出版社，1997
[11] 黄金祥，余树胜．果品蔬菜贮藏加工．石家庄：河北人民出版社，2001
[12] 吴锦涛．蔬菜加工．广州：广州科学技术出版社，2002
[13] 郑永华，顾振兴．蔬菜加工实用技术．北京：金盾出版社，2000
[14] 张善宝，陈锦屏．果品蔬菜加工实用技术．北京：中国农业出版社，1998
[15] 吴锦涛，张昭其．果蔬保鲜与加工．北京：化学工业出版社，2001

[16] 南京农业大学．蔬菜加工．北京：农业出版社，1987
[17] 李丽萍，艾启俊．蔬菜加工技术问答．北京：金盾出版社，2004
[18] 张合仪．蔬菜生产实用技术．北京：金盾出版社，2001
[19] 单扬．蔬菜实用加工技术．长沙：湖南科学技术出版社，1998
[20] 郭武备．蔬菜增值加工 200 问．呼和浩特：内蒙古科学技术出版社，2001
[21] 浙江省农学会．西瓜、甜瓜．杭州：浙江科学技术出版社，1990
[22] 齐三魁，吴大康，林德佩．中国甜瓜．北京：科学普及出版社，1991
[23] 徐玉珍，江燕．西瓜、甜瓜优质高产栽培新技术．北京：科学技术文献出版社，1993
[24] 宋元林．瓜类、茄果类、薯芋类蔬菜病虫害图谱．北京：中国农业出版社，1999
[25] 杜连起．南瓜贮藏于加工技术．北京：金盾出版社，2004
[26] 汪俏梅．苦瓜四季丰产栽培．北京：北京科学技术文献出版社，2001
[27] 张真平．蔬菜贮运保鲜及加工．北京：中国农业出版社，2002
[28] 邓义才，李安妮．蔬菜贮运保鲜．广州：广东科学技术出版社，2002
[29] 苏崇森．瓜菜新品种的高效栽培技术．北京：中国农业出版社，1996
[30] 崔蕊静，高海生．发酵苦瓜酒的研制．食品与发酵工业．2004 (10)：149～151
[31] 黄建初，离崇高．苦瓜保健果冻工艺技术的研究．现代食品科技．2005，1 (1)：47～52
[32] 李兰，蒋爱凤，张辉．苦瓜保健乳饮料．食品研究与开发．2005，6 (3)：134～136
[33] 王林山．苦瓜大豆酸奶的研制．食品研究与研发，2004，25 (5)

95～97
[34] 芗城．苦瓜加工成蜜饯．湖北科技报．2001 年 12 月 7 日第 5 版
[35] 邓俭英，方峰学，程亮．苦瓜的药用价值及其利用．中国食物营养．2005（1）：49～50
[36] 王传荣，贡汉坤．苦瓜鲜啤的研制．江苏食品与发酵．2004（3）：57
[37] 朱俊晨，张洁伶，潘风萍．苦瓜饮料工艺条件的研究．食品研究与开发．2005，26（3）：61
[38] 绍兴云．丝瓜的生物学特性和开发利用．生物学通报，2004.39（5）：32
[39] 贾平．丝瓜主要病害症状及综合防治方法．小康科技文萃，2004，（1）：15
[40] 张传武，马殿君，黄保民．丝瓜汁饮料的研究．饮料工业，2005.5（5）：25
[41] 李清春，贺雅非．丝瓜乳酸菌饮料的研制．农产品开发，2000（11）：23
[42] 朱士农，崔群香，范亦刚．丝瓜的贮藏特性及速冻工艺研究初报．南京农专学报，2000.16.（1）：42～46
[43] 田呈瑞．蔬菜加工技术．北京：中国轻工业出版社，2000
[44] 王娟丽．丝瓜糖条的制作．太原科技．2002.2（4）：26
[45] 张真平．蔬菜贮运保鲜及加工．北京：中国农业出版社，2002
[46] 李喜宏，陈丽，关文强，胡云峰．果蔬薄膜保鲜技术．天津：天津科学技术出版社，2003
[47] 刘宝家，李素梅，柳东等．食品加工技术、工艺和配方大全续集．北京：科学技术文献出版社，1997
[48] 张志淼．黄瓜的加工技术．中国农村科技．2001（3）：43
[49] www.chinese-plant.com
[50] www.91chao.co

种植业篇